复杂工况条件下
露天煤矿边坡变形机理
与控制措施

王 涛　葛丽娜　李晓俊　魏子强　刘绍强　著

北 京
冶 金 工 业 出 版 社
2024

内 容 提 要

本书共分 9 章，详细介绍了边坡稳定性模拟与监测装置研发、露天煤矿边坡稳定性分析方法、软弱夹层位置确定与端帮煤安全回采措施、软弱基底散体边坡变形监测与数值模拟验证、振动作用下软弱基底散体边坡失稳试验研究与分析、振动作用的时间效应对边坡稳定性试验研究与分析、露天矿边坡稳定性控制等内容。

本书可供从事露天煤矿开采的技术人员及研究人员阅读，也可作为高校采矿专业师生的参考书。

图书在版编目 (CIP) 数据

复杂工况条件下露天煤矿边坡变形机理与控制措施/
王涛等著. --北京：冶金工业出版社，2024.7.
ISBN 978-7-5024-9951-8

Ⅰ. TD824.7

中国国家版本馆 CIP 数据核字第 2024KS9459 号

复杂工况条件下露天煤矿边坡变形机理与控制措施

出版发行	冶金工业出版社	电　　话	(010)64027926
地　　址	北京市东城区嵩祝院北巷 39 号	邮　　编	100009
网　　址	www.mip1953.com	电子信箱	service@ mip1953.com

责任编辑　曾　媛　王恬君　美术编辑　吕欣童　版式设计　郑小利
责任校对　范天娇　责任印制　窦　唯
北京印刷集团有限责任公司印刷
2024 年 7 月第 1 版，2024 年 7 月第 1 次印刷
710mm×1000mm　1/16；13.25 印张；260 千字；199 页
定价 **79.00 元**

投稿电话　(010)64027932　投稿信箱　tougao@cnmip.com.cn
营销中心电话　(010)64044283
冶金工业出版社天猫旗舰店　yjgycbs.tmall.com
(本书如有印装质量问题，本社营销中心负责退换)

前　言

露天开采是矿产资源开采方式之一，具有成本低、效率高、浪费少等优点，广泛应用于矿产资源的开采之中。例如，露天开采的铁矿石占开采总量的80%~90%，有色金属矿占开采总量的40%~50%，化工材料占开采总量的70%，建筑材料基本全部为露天开采。在煤炭资源开采领域，露天开采具有生产规模大、产能储备释放快等优势，近20年来露天煤矿产量及占比都得以快速提高，产量由2003年的不足1亿吨提高至2022年的近10亿吨，占比由不足5%提高到超20%，对于发挥煤炭在能源中的基础和兜底保障作用意义重大。未来，随着能源企事业单位投资力度的加大与智能化开采技术的不断完善，煤炭资源露天开采具有十分巨大的发展潜力。

随着我国露天矿产持续开采，采掘场、排土场边坡垮塌、滑坡等事故时有发生，给国家财产和人民安全造成了重大损失。由于露天煤矿边坡不能人为选址，其稳定性往往受节理、裂隙、断层、软弱夹层等不良工程地质构造影响，其中，软弱夹层对露天煤矿边坡稳定最为不利，是导致露天煤矿滑坡的重要因素。例如，白音华二号露天煤矿南帮边坡受软弱夹层影响共计发生2次滑坡，累计造成300万吨滑体压煤无法回采，直接经济损失1.5亿元；神华宝日希勒露天煤矿西端帮边坡受软弱夹层的影响，截至2014年年底，共发生大规模滑坡8次，造成经济损失1亿元。由于多数排土场是将采场剥离物直接排弃在沟谷或山坡原始地表之上，原始地表往往为第四系表土、坡积层或腐殖土等承载能力较弱的岩土层，此类岩土层就构成了排土场的软弱基底，形成露天矿软弱基底排土场，软弱基底的存在是导致露天煤矿排土场边坡滑坡的重要因素。例如，2008 年山西省娄烦尖山铁矿发生排土场垮塌事故，造成 45 人死亡；2004 年 10 月希腊北部 South Field 煤矿外排土场发生大规模滑坡，滑体体积达 4000 万立方米；2009 年 12 月印度 Singareni 煤矿发生排土场滑坡，滑体体积达 3370 万立方米。

　　露天煤矿采掘场边坡中的软弱夹层、排土场散体边坡的软弱基底是露天煤矿生产过程中常遇到的复杂地质条件，而这些复杂地质条件是导致露天煤矿边坡滑坡的重要因素，如何保证复杂地质条件下边坡的稳定性是露天开采领域亟须解决的难题。

　　本书研究是在国家自然科学基金青年科学基金项目（No. 52104105）与山西省基础研究计划青年科学研究项目（No. 202203021212229）的资助下完成的。本书主要探讨复杂工况条件下采掘场边坡、排土场边坡滑移机理与防治对策，自主研发了现场边坡内部变形监测装置与室内边坡滑坡相似模拟试验装置，提出了一种边坡体潜在滑移面关键单元识别及其动态破断路径的判断方法，分析了坡顶裂缝产生原因及含弱层边坡失稳破坏模式，探讨了软弱夹层特性对边坡稳定性影响程度，分析了边坡在不同类型振动作用下的滑移起滑位置、滑移过程、滑移规模与最终形态，揭示了散体边坡在振动作用下的滑移渐变效应，以山西、内蒙古、新疆等露天煤矿实际采用的边坡稳定性防护与监测措施为例，详细介绍了削坡减载、内排压脚、防排水、边坡加固、边坡监测等防护与监测方案。希望本书内容能为复杂工况条件下露天煤矿边坡的滑坡防治工作提供理论支撑与工程指导。

在本书的撰写过程中，我的恩师赵洪宝教授在思路、结构和写作等方面提供了宝贵的建议，感谢恩师一直以来对我的谆谆教诲和悉心指导。本书编写人员为太原理工大学安全与应急管理工程学院王涛（第1、4~7章），太原科技大学车辆与交通工程学院葛丽娜（第2~4、8、9章），中煤科工集团沈阳设计研究院有限公司李晓俊（第8章），中材地质工程勘查研究院有限公司魏子强（第7章），中国矿业大学（北京）刘绍强（第2章）。

本书在撰写过程中参阅了大量的相关文献和专业书籍，在此谨向其作者深表谢意！

由于作者水平所限，书中疏漏和不妥之处在所难免，敬请各位专家、学者严加斧正，不吝赐教。

王　涛

2023 年 8 月

目　　录

1 绪 论

1.1 研究背景与意义

1.1.1 研究背景

能源为人类活动提供必需的物质基础，与水、空气、阳光、食物并称为人类维持正常生产生活的五大基本要素。能源是我国经济迅速发展的基础动力，也是我国改革开放 40 多年来取得巨大成就的根本保障。煤炭作为我国基础能源之一，在我国一次能源生产、消费结构中的比例一直保持在 2/3 以上。虽然近几年煤炭消费总量有所下降，但我国经济发展对煤炭高度依赖性的现状在短时间内不会发生改变，煤炭作为我国能源结构的主导，在国民经济发展、国家安全保障中的战略地位难以撼动[1]。

露天开采是矿产资源开采方式之一，具有成本低、效率高、浪费少等优点，广泛应用于矿产资源的开采之中。例如，露天开采的铁矿石占开采总量的 80%~90%，有色金属矿占开采总量的 40%~50%，化工材料占开采总量的 70%，建筑材料基本全部为露天开采[2]。对于煤炭开采来说，2003 年全国露天煤炭产量仅为 0.8 亿吨，占比 4.61%，到 2021 年我国露天煤矿产量已经达到 9.50 亿吨，占比达 23.00%，截至 2022 年底，全国共有露天煤矿 357 处，产能 11.62 亿吨。随着能源企事业单位投资力度的加大和智能化开采技术的不断完善，煤炭资源露天开采具有十分巨大的发展潜力[3]。

随着浅部煤炭资源的开发利用，深凹开采成为露天矿发展的必然趋势，开采深度的不断增加以及尽可能多地回采端帮煤的需求，露天煤矿边坡朝高陡化方向发展。随着露天边坡不断加高加陡，边坡滑坡事故时有发生，且滑坡带来的经济损失日趋增大。例如，白音华二号露天煤矿在 2010 年 9 月 10 日与 2011 年 5 月 16 日先后发生两次大的滑坡，其中第二次滑坡规模更大、破坏力更强，滑坡体积 9400 万立方米，压煤 300 万吨，累计造成经济损失 10 余亿元；宝日希勒露天煤矿建矿至今共发生 8 次滑坡，其中露天矿西端帮在 2008 年 10 月发生的滑坡，滑坡方量 350 万立方米，约 70 万吨煤难以回采，造成经济损失约 1 亿元；胜利二号露天煤矿在 2012 年与 2013 年各发生了两次大规模的滑坡灾害，累计滑坡方量 1 亿立方米，给矿山造成了巨大的经济损失。另外，灵泉露天煤矿、伊敏河露天煤矿、扎哈淖尔露天矿等矿山均发生过一定规模的滑坡或者大变形[4]。露天煤矿一旦发生滑坡事故将给矿山造成重大的经济损失，严重的还会造成人员伤亡。因此，在露天煤矿生产过程中，开挖形成的高陡边坡的稳定性至关重要，与矿山经济效益和工作人员生命安全息息相关。边坡尤其是高陡岩质边坡工程，滑坡灾害已成为露天矿安全生产的主要研究课题之一。

1.1.2 研究意义

露天煤矿采掘场边坡中的软弱夹层、排土场散体边坡的软弱基底是露天煤矿生产过程中常遇到的复杂地质条件，而这些复杂地质条件是导致露天煤矿边坡滑坡的重要因素，如何保证复杂地质条件下边坡的稳定性是露天开采领域亟须解决的难题。例如，霍林河一号露天煤矿、神华北电胜利一号露天煤矿、大唐国际胜利东二号露天煤矿、乌兰图嘎露天煤矿、锡林郭勒二号露天煤矿等露天煤矿工作帮及非工作帮由于受到软弱夹层的影响均发生过一定规模的滑坡，严重威胁露天煤矿的安全与生产[5]。对于排土场边坡，由于原始地表往往为第四系表土、坡积层或腐殖土等承载能力较弱的岩土层，此类软弱层就构成了排土场的软弱基底，在堆排高度持续增加或基底软弱层浸水软化、爆破振动影响等情况下，极易引发排土场边坡失稳问题。因此，开展复杂工况条件下露天煤矿边坡稳定性分析，探讨降雨、振动影响下受弱层影响边坡的失稳滑移过程与滑移机理，对于复杂地质条件下边坡稳定性防护具有重要的理论指导意义。

1.2 国内外研究现状

1.2.1 边坡潜在滑移面研究现状

边坡滑移是边坡工程界的首要问题，边坡滑移机制的研究对边坡工程的实施、防治具有重要意义。国内外学者围绕边坡潜在滑移面开展了大量的研究，主要包括潜在滑移面的识别、边坡滑移面位置和形态的确定、滑移面的岩体破坏机制等。

张国祥等提出了岩土潜在滑线（面）确定潜在滑移线（面）的理论，并通过算例计算了边坡稳定性安全系数。结果表明，潜在滑移线理论不仅能用于边坡稳定性分析，而且可用于分析其他岩土稳定性和承载力问题，能够较好地确定潜在滑面及真实的破坏面，了解实际岩土工程问题可能破坏的范围、滑动趋势和滑动面的形状等[6]。郑宏等基于弹塑性有限元分析的计算结果，提出了二维情况下边坡潜在滑移线应满足的一个常微分方程组初值问题，给出了该初值问题的预测校正算法以及确保其收敛的充分必要条件，讨论了潜在滑移线的自动搜寻技术；分别与极限分析法和极限平衡法的计算结果进行了对比，验证了方法的有效性[7]。徐佩华等在数值模拟过程中通过改变岩体强度参数有效地获取了潜在滑动面的位置和形态，较好地解决了滑动面搜索的难题。将该法应用于广州科学城某人工高边坡稳定性的研究，证明了这种分析法确定出的潜在滑动面合理、计算结果可靠，可作为搜索边坡潜在滑动面并计算安全系数的方法之一[8]。Janusz 等对均质和分层边坡模型在可能的超载荷载下的稳定性进行了综合分析，在假设圆柱形滑动面穿过坡脚的情况下，采用 Fellenius 的瑞典方法进行计算，提出了寻找潜在滑动面的断楔范围的建议，分析了超载荷载位置对一般边坡稳定性的影响，为确定挖掘机在非围护开挖的超载上的安全定位距离提供了依据[9]。Xiao 等介绍了一种结合数值分析和极限平衡理论来确定土质边坡潜在滑动面的方法，并使用类似 Spencer 方法的极限平衡方法来计算任何潜在滑动面的安全系数。在获得所有潜在滑面的安全系数后，最小的一个是边坡的安全系数，相应的潜在滑面是边坡的临界滑面[10]。王娟等采用极限分析上限定理，结合弧形条分法思想，构建了高切坡潜在破裂面预测与稳定性超前判识方法，研究了危险性高切坡超前支护桩抗力与加固高切坡整体稳定系数、潜在破裂面之间的对应关系；结合工程算例分析，揭示了高切坡坡体抗剪强度、边坡高度、坡角以及开挖高度对高切坡潜在破裂面的定量影响[11]。黄晓锋等采用粒子群优化理论控制位于滑移面后缘范围的滑入点和前缘剪出区域的滑出点，以均分逼近法控制滑面半径，实现了边坡内潜在滑移面位置的搜索及安全系数的计算，进而确定了边坡的最小安全系数及最危险潜在滑移面位置，且搜索出的滑面不依赖网格节点，并以实例证明了该方法的有效性[12]。李华华等以 FLAC3D 数值模拟为手段，对人工岩质边坡的剪切带分布特性开展了系统模拟研究，指出人工边坡内可能存在潜在滑移面，表现为存在 1 个明显的剪切带，剪切带存在多个始发点——坡脚处最易发生且渐进发展，趋向于贯通，可能形成多滑移面共存状态；计算得到了潜在滑移面拟合曲线方程及其临界深度方程，并指出了剪切应变增量区域在外界扰动下会演化成潜在滑移面[13]。赵洪宝等对边坡潜在滑移面关键区红砂岩进行系统剪切蠕变试验研究，初步探讨了边坡的滑移机制。研究表明，边坡潜在滑移面内岩体的破坏是渐进性的，表现为破坏→失衡→重分布→再平衡的循环过程，具有很强的时效特征，且从局部的无序破裂渐进发展到整体的有序破坏[14]。张春等分析探讨了排弃物料强度对排土场滑动面的影响，通过现场取样进行室内直剪试验得到试样的 c、φ 值与试样物料块度组成的关系，得到了粗颗粒含量与 c、φ 值的拟合曲线，通过 FLAC3D 进行模拟排土场逐渐增高过程中滑移面与剪出口位置的变化情况，发现随着层数的增加，剪出口位置逐渐提高并趋于稳定，而破坏模式表现为近似圆弧破坏[15]。Li 等提出了一种多响应面方法，通过二阶多项式函数近似边坡破坏的极限状态函数，结合最可能滑动面的变化，并评估边坡破坏概率 $P(f)$ [16]。Ma 等提出了一种基于剪切强度折减法识别任意形状代表性滑面（RSSs）的方法，RSSs 可能并不总是圆形的，并且所建议的方法可以有效地定位 RSSs，而无需事先对滑面形状做出假设[17]。Zhang 等考虑系统失效概率，提出了一个新的边坡失效风险评估方程，采用响应面方法提高了计算效率，并通过三个边坡的研究发现，失效概率较大但后果较小的滑面可能与较小的风险有关[18]。Zhang 等利用矢量和的概念和严格的力学分析，提出了一种改进的滑面应力方法，并通过五个典型边坡实例，将该方法计算的安全系数与其他方法进行了比较[19]。Zhang 等针对目前一个滑面的滑面搜索方法，在应用于具有多个潜在滑面的边坡时存在滑面识别遗漏或错误的现象，提出了一种基于局部最大剪应变增量的多滑面搜索法，并通过算例表明，该方法能够准确定位多个潜在滑面，为准确确定边坡中的潜在滑面提供了理论基础[20]。Song 等以一个节理岩质边坡为例，通过数字近景摄影测量建立了所研究边坡的三维模型，开发了一种新的寻找最短路径的 Floyd 算法，以实现所研究边坡的临界滑面识别[21]。Guo 等在边坡安全系数（FOS）和应力场强度折减定义的基础上，进一步研究了矢量和法，通过边坡整体滑动方向上的力的极限平衡方程可以直接计算 FOS[22]。

1.2.2 软弱夹层边坡稳定性研究现状

岩土体中普遍含有节理、裂隙、软弱夹层等不连续结构面，这些结构面物理力学性能差，会对边坡的稳定性造成不同程度的影响，其中软弱夹层的存在是边坡失稳的主要因素。因此，解决含软弱夹层边坡的稳定性问题是边坡稳定性研究的主要任务之一。

国内外学者借助于室内试验、数值模拟和理论分析等多种研究手段对含软弱夹层边坡稳定性开展了广泛的研究，取得了丰富的研究成果。多数以实际工程案例为切入点，利用数值分析和理论计算进行边坡稳定性分析评价，并以此为依据进行边坡加固方案的制定。

刘小丽等在塑性极限分析的基础上，提出采用机动位移法和能量系数对多个平面型软弱夹层的岩体边坡进行稳定性评价，并推导了相应公式。通过一个典型滑坡实例的稳定性分析与极限平衡法计算结果的对比证明了此方法的可行性[23]。许宝田等对含软弱夹层的边坡岩体进行了力学特性试验，分析了其破坏类型。并在研究了九顶山含软弱夹层的边坡岩体变形特征的基础上，采用强度折减法计算了加固后的边坡稳定性系数[24-25]。肖正学等通过 ANSYS/LS-DYNA 模拟了含软弱夹层的顺倾岩质边坡的单孔爆破情况，分析了爆破过程中上覆岩体受到的应力作用、爆破层裂效应及其对边坡稳定性的影响[26]。刘铁雄等应用 FLAC3D 数值模拟软件，结合强度折减法，对常德—张家界高速公路某段的含软弱夹层的岩质边坡工程进行了边坡安全系数的求解，并与极限平衡法所得结果进行对比，验证了该方法的可靠性[27]。丁立明等在分析含软弱夹层边坡的破坏形式的基础上，运用 ANSYS 软件建立了含有软弱夹层的露天矿边坡体模型，分析了软弱夹层对露天矿边坡稳定的重要影响[28]。王浩然等基于极限分析上限法，引入三维圆锥体平动破坏机构和牛角状螺旋圆锥体转动破坏机构，构建了三维转动-平动组合破坏机构，分析了含软弱夹层边坡的三维稳定性[29]。张社荣等基于 Sarma 极限平衡法和有限元强度折减法探讨层状岩质边坡在不同岩层倾角、边坡坡角、结构面间距条件下的安全系数与破坏面位置的变化规律，揭示复杂多层软弱夹层边坡的失稳破坏机制及稳定性特征[30]。皮晓清等引入强度折减技术，获得了通用的安全系数来对含软弱夹层边坡稳定性进行评估分析，并验证了该方法的有效性和适用性[31]。孙光林等采用三维有限差分计算程序和单因素变量控制方法，通过对比分析含有软弱夹层与不含软弱夹层两种边坡模型分步开挖的过程特征，研究了软弱夹层效应对露天矿山边坡开挖稳定性的影响情况[32]。Li 等以含有软弱层的典型露天矿边坡作为工程背景，综合利用地质调查、室内试验、理论分析等方法分析了软弱层倾角变化下边坡稳定性的变化规律，最终阐明了软弱层对边坡滑动模式和稳定性的影响[33]。Wang 等通过对岩层变形的分析，确定了软弱夹层在边坡中的位置。将软弱夹层岩体视为一个完整的力学系统，建立了软弱夹层岩体系统的力学模型，提出了边坡失稳前岩体破坏程度的评价指标[34]。Wang 等基于强度折减法，建立了一个既能考虑块体特性又能考虑节理特性的数值模拟模型，以分析节理角度对边坡稳定性和潜在滑动面的影响，结果表明，随着节理倾角的增大，边坡的安全系数减小，但下降趋势逐渐变慢[35]。Li 等以双层软弱夹层岩质边坡为研究对象，将 GTS 软件建立的一个具有软弱夹层的边坡模型导入 FLAC3D 中进行计算，研究了双层软弱夹层对边坡的变形特性，揭示了双层软弱夹层对边坡稳定性及其破坏模式的控制作用[36]。Gao 等通过设计锚杆框架边坡的试验，研究了具有软弱夹层的岩石边坡的稳定性特征，认为边坡的破坏趋势是沿软弱夹层滑动，并在加载区下方发生坍塌，最终的破坏模式为楔形破坏，最大剪切应变增量的峰值沿软弱夹层发育，边坡内部形成剪切应变突变区，软弱夹层是边坡潜在的滑动面[37]。Zhong 等以抚顺西露天矿南侧边坡为背景，采用极限平衡法研究了软弱夹层不同深度和倾角对边坡安全系数和滑动方式的影响，并通过底部摩擦实验来验证理论结果[38]。

1.2.3 散体边坡稳定性防护措施

散体边坡是指由糜棱化、碎屑状结构岩（土）体构成的边坡体。目前，水利、露天矿业、铁路等存在的大量散体结构边坡体，主要呈分散性、复杂性、易变性和不稳定性。散体边坡的稳定性防护主要包括锚索、生态植物护坡、浆砌片石、组合护坡等方法。杨明等利用 Winkler 地基模型分析路堑土质边坡锚索框架的受力特征，提出了锚索框架的弹性地基梁计算模式，使框架设计得到了较大的优化[39]。刘祚秋等对东深供水改造工程边坡进行了预应力锚索加固，并采用非线性有限元分析软件对边坡的 6-6 剖面进行加固后的稳定性分析计算，结果表明，加固后不仅最大等效塑性应变数值减小了，而且等效塑性应变区出现在锚索加固区的后边缘，潜在滑动面向后移动了[40]。王文生等在分析公路边坡植物的护坡机理的基础上，从根系的力学加筋与锚固作用、茎叶及枯枝落叶的水文效应、植物的蒸腾排水效应三个方面来系统地分析了植物稳定边坡的作用机理，结果表明，坡面冲刷防护可根据浅根表土加筋与茎叶水文效应机理进行设计，边坡加固可根据深根锚固作用与蒸腾排水效应机理设计[41]。王恭先等根据 40 余年防治滑坡的实践经验，提出了确定防治方案应考虑的四个因素和不同类型滑坡的治理方案，可为预防高边坡和路堤填方引起的"工程滑坡"的处理方案提供参考[42]。赵杰对普通土钉和复合土钉支护的基坑进行了有限元数值模拟，评价了基坑的稳定性，研究了土钉拉力及基坑变形的变化规律，分析了土钉参数变化和布置位置对基坑变形和稳定性的影响[43]。陈科平指出对边坡的加固防护对策应根据可行性及必要性、加固工程的类别及现状制定，分析了拉力型锚索锚固段和压力型锚索锚固段的局限性，提出了在边坡锚固工程可采用拉-压混合型锚索来改变锚索的受力条件，改善锚索工作状态，增加锚索的安全度。李雄威采用室内试验和数值计算模拟的方法，对膨胀土边坡防护中常用的浆砌片石和框锚结构系统的工作特性进行了分析，膨胀土路堑边坡利用浆砌片石封闭后，可保持边坡湿度场的稳定，减缓温差及温度变化对坡体的影响，阻止新开挖膨胀土边坡的大气影响深度向土体深处发展，从而保持路堑边坡的长期稳定，达到边坡防护的目的[44]。Wei 等介绍了德黑兰—恰卢斯公路沿线一个古老滑坡带高陡路堑土质边坡稳定性分析和防护处理的成功案例。在研究土体的地下剖面和力学性质的基础上，评估了天然边坡和路堑边坡的稳定性。得到了在静态和动态条件下路堑边坡的最小安全系数和潜在破坏模式。对一些潜在的破坏区被设计为通过坡脚的后锚混凝土挡土墙、坡面上的锚杆和框架梁以及坡面上的植草来保护。数值分析表明，这些防护措施可以稳定该整治边坡[45]。王玉凯等以大孤山排土场为研究背景，通过现场试验、室内试验、数值模拟和理论分析等方法，对露天矿软弱基底排土场变形机理及控制方法进行了深入系统的研究。基于软弱基底排土场变形机制的研究成果，提出了以软弱基底加固和排土方式优化相结合的软弱基底排土场变形防控方法[46]。Zhang 等通过实地调查和 BP 神经网络方法，探讨了黄土高原沟地整理工程后人工边坡失稳的特点和预防机制，提出了一种"排水-改善-绿化-加固"系统作为人工边坡失稳的预防机制[47]。Li 等以一个路堑黄土边坡为研究对象，研究了单桩的应力和变形特性[48]。Su 等针对人工边坡提出了采用锚杆铰链锚块和生态植被覆盖组合的护坡方法，并采用振动台试验研究了无植被天然边坡、铰接块护坡、生态铰接块护坡和锚杆铰接锚块新型生态护坡四种护坡方法。结果表明，在高地震加速度（0.8 g）下，锚杆-铰锚块与植被根系共同作用，可使边坡稳定系数提高57.3%[49]。

1.2.4 岩质边坡稳定性防护措施

岩石边坡支护和加固方法的研究是边坡治理工作的重点，主要的防护措施包括锚索防护、新型复合材料防护、植物生态防护等。张发明等以现代大型岩质高边坡为研究对象，通过对边坡稳定加固施锚过程中锚固端剪应力、轴力的实测资料的分析，提出了预应力张拉条件下内锚固端的力学规律，建立了群锚加固效应的概念，为合理设计内锚固段长度提供了理论依据[50]。周颖等研究了喷混植草技术在中、强风化岩石边坡防护中的应用。通过喷混植草对惠河高速公路的路基边坡进行了一系列综合治理，初步解决了岩石边坡防护和绿化兼顾的问题[51]。李天斌在工程边坡工程地质基础研究和稳定性分析与评价的基础上，从工程控制、监测控制和预报控制三方面实施对工程边坡稳定性的有效控制。初步建立了溪洛渡拱肩槽和进水口边坡的信息化监测系统，引用非线性科学理论建立了边坡失稳预报的模型，并开发了边坡失稳实时跟踪预报系统（SIPS）。通过国内外十余个失稳边坡检验性预报的结果表明，该预报系统具有较高的精度[52]。肖盛燮等探究了不同结构岩体边坡植被护坡机制，分析了植物根系对边坡切向加固能力和基质——根系复合体的加固能力[53]。吕庆以金丽温高速公路K8l高边坡的锚固工程为研究背景，系统研究了预应力锚索加固破碎岩质边坡的锚固机理[54]。冯君等根据顺层岩质边坡的变形破坏特征，提出了用于加固顺层岩质边坡的轻型加固体系——微型桩体系，并研究了微型桩体系的适用范围和加固机制[55]。程强根据地质力学模型试验和数值计算模拟，采用框架锚杆加固结合，有效控制了倾斜红层软岩开挖边坡变形的发展，减小松动区的范围，证明了加固措施的合理性[56]。罗丽娟等指出了单一措施在滑坡治理时的局限性，总结了在滑坡防治中采用多种防治措施组合得到认可并取得了较大成功的案例[57]。罗强在对类均质节理岩体边坡进行了稳定性分析的基础上，基于失稳状态耗能最小原理对节理岩体边坡的稳定性和锚固设计方法进行了研究[58]。Yao等开发了一种新型聚合物固化剂——苯丙乳液水泥基复合材料，用于软弱岩质边坡的养护和处理[59]。Sun等根据现场监测收集的数据对桥隧工程边坡稳定性进行了分析，并通过对边坡和倾角的分析，选择了三种潜在的落石灾害路径[60]。Yao等采用聚合物固化剂对软弱岩石坡面进行了固化处理，并进行了表土植草。研究发现，这种新的生态保护技术可以有效地防止、削弱或减缓软弱岩石边坡的软化[61]。

1.3　主要研究内容与研究思路

1.3.1　主要研究内容

（1）露天煤矿边坡稳定性监测与滑坡相似模拟试验装置研发。针对现有测斜仪器只能测量两个固定方向的位移以及劳动强度高、效率低、精度差等缺点，研发一种可以同时测量边坡岩土体内部多角度方向位移的测斜监测装置；考虑到边坡坡脚岩土体变形可反映软弱基底散体边坡的稳定性，研发一套全角度坡脚钻孔稳定性动态监测装置，实现依靠坡脚岩土体变形反映边坡整体稳定性的目的；研发一种能够考虑多因素耦合作用下散体边坡稳定的试验装置与边坡模型试验的球形运动与应力监测仪器，可实现对振动、降雨、地下水、粒径等各因素单独作用或耦合作用下不同排弃高度、不同角度的散体边坡稳定性试验和滑坡数据监测。

（2）含软弱夹层岩质边坡端帮煤安全回采关键技术研究。以新疆哈密某露天煤矿为工程背景，现场施工边坡岩体变形监测钻孔，利用滑动式测斜仪开展边坡体变形监测，分析各监测孔岩层变形规律，确定边坡体中影响其稳定性的软弱夹层位置，建立潜在滑移面的形态方程与位置方程，提出潜在滑移面上关键单元的识别方法，给出关键单元动态破断路径，提出保证端帮煤安全回采的合理措施，分析坡顶裂缝产生原因及含弱层边坡失稳破坏模式，探讨软弱夹层特性对边坡稳定性影响程度。

（3）软弱基底散体边坡稳定性分析与防护措施研究。基于自主研发的边坡稳定性监测装置，通过坡脚钻孔变形情况判断边坡稳定性状态，结合极限平衡方法分析山西某露天煤矿边坡在天然状态、饱水状态、振动状态下的稳定性与失稳滑移特征；采用自主研发的边坡失稳渐变效应模拟装置，开展含软弱基底散体边坡在振动作用下的滑移失稳规律研究，分析边坡在不同类型振动作用下的滑移起滑位置、滑移过程、滑移规模与最终形态，揭示散体边坡在振动作用下的滑移渐变效应。

（4）露天煤矿边坡稳定性防护措施与方案制定。分析露天煤矿岩质边坡、散体边坡常用的边坡防护方法优缺点与适用条件，结合典型露天矿存在的边坡滑坡影响因素，提出边坡防滑措施，制定相应的边坡防滑方案。

1.3.2　研究思路

本书主要采用现场监测、室内试验、数值模拟等手段，开展复杂地质条件下边坡稳定性评价与滑移机理研究，提出有针对性的边坡稳定性维护措施，项目技术路线图如图 1-1 所示。

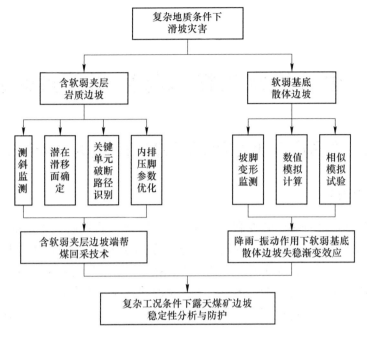

图 1-1 技术路线图

1.4 本章小结

本章主要针对目前复杂工况条件下露天煤矿边坡失稳滑坡问题，阐述了开展复杂工况条件下露天煤矿边坡失稳机理与防护措施研究的必要性和意义；结合前人的研究成果，对边坡潜在滑移面确定、含弱层边坡稳定性分析、岩质边坡与散体边坡防治措施的研究现状进行了总结和评述，并基于此提出了本书的研究内容、研究思路。

2 边坡稳定性模拟与监测装置研发

2.1 全角度自动化边坡测斜监测装置的设计与研制

2.1.1 研发背景

随着浅部矿产资源的开发利用，深凹露天矿成为我国露天矿山的发展趋势，露天开采过程中随着边坡高度的增加和边坡角度的加陡，一方面可以尽可能多地采出矿产资源，另一方面也不断增加露天边坡体失稳滑塌的风险。露天矿山一旦发生边坡滑塌事故，将会给矿山造成无法挽回的重大经济损失，严重时也会导致工作人员的伤亡，而边坡监测是保证露天矿山边坡稳定，探究边坡滑移机理的重要手段。

对露天开采边坡岩体内部位移大小、水位线的高低及二者变化速率的监测是判断采矿生产过程中边坡体稳定性能否满足安全生产的指标之一。由于边坡岩体移动变形的复杂性，不仅有垂直于边坡体方向的位移也有与边坡体呈一定角度的位移。已有的滑动式测斜仪可实现对土石坝、露天矿山、山体边坡等岩体内部水平移动与变形的监测，但仍存在如下缺点：（1）仅能实现对垂直边坡方向和平行边坡方向的位移监测，不能实现对任意角度的岩体位移监测；（2）测试过程只能采用人工手提的方式，露天矿监测孔深度多在 60～200 m，属高强度体力劳动，且耗时长，受环境影响大，数据稳定性受监测人员体能影响较大；（3）不能同时实现边坡体内水位值监测以及钻孔内部具体方位的变形情况监测。基于此本书提出了一种可变焦可调角度窥视测斜仪与监测方法，对原有滑动式测斜仪进行改进和升华。

2.1.2 研发思路

可变焦可调角度窥视测斜仪研发的目的在于克服现有测斜仪器只能测量两个固定方向的位移以及劳动强度高、效率低、精度差等缺点，提供一种可以同时测量边坡岩土体内部多角度方向的位移和坡体内水位以及钻孔壁变形，并可减轻测试人员劳动强度、提高工作效率和测量精度的监测装置。

2.1.3　设备构成与原理

可变焦可调角度窥视测斜仪主要包括测斜管、监测滑杆、数据传输电缆及微型记录仪、导向提升装置，其中，测斜管是带有两组导轨凹槽的透明 PVC 管，监测滑杆包括测斜仪、可变焦针孔摄像头、水位监测仪、减震装置、角度调节装置和定向导轮，导向提升装置包括支撑架、承载圆环、定向滑轮、手摇式缠线器和微型记录仪，监测滑杆通过数据传输电缆与导向提升装置连接，通过其两侧定向导轮沿测斜管装置上下滑动。

如图 2-1 所示，可变焦可调角度窥视测斜仪，主要包括测斜管装置、监测滑杆、导向提升装置、数据传输电缆及微型记录仪。

测斜管装置 7 是带有两组导轨凹槽的 PVC 管，该 PVC 管由管体和端头两部分组成，各 PVC 管间通过嵌套螺母连接，在 PVC 管下放过程中逐节连接，可满足不同监测深度的需求。

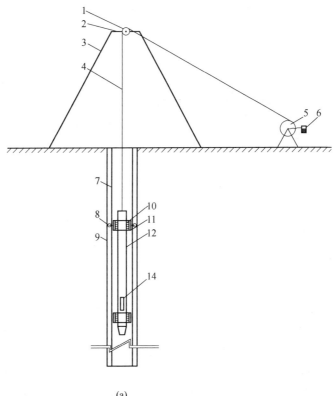

(a)

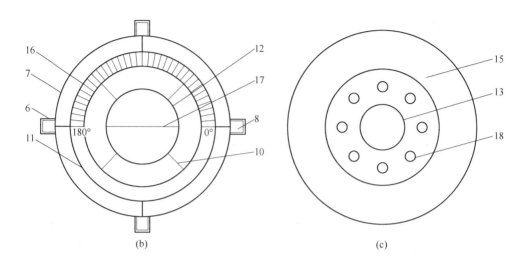

图 2-1 可变焦可调角度窥视测斜仪示意图

（a）结构图；（b）监测滑杆俯视图；（c）针孔摄像头俯视图

1—定向滑轮；2—承载圆环；3—支撑架；4—数据传输电缆；5—手摇式缠线器；6—微型记录仪；
7—测斜管装置；8—定向导轮；9—导轨凹槽；10—金属细杆；11—滚动轴承；12—测斜仪；13—可变
焦针孔摄像头；14—水位监测仪；15—减震垫块；16—螺纹孔；17—摆锤摆动平面；18—冷光灯

　　监测滑杆包括测斜仪 12、可变焦针孔摄像头 13、水位监测仪 14、减震垫块 15 和角度调节装置，角度调节装置包括金属细杆 10、滚动轴承 11、螺纹孔 16 和与之配合的锁紧螺栓和定向导轮 8。测斜仪 12 的工作原理与现有滑动测斜仪相同，监测信号通过数据传输电缆 4 上传并存储至微型记录仪 6。可变焦针孔摄像头 13 内置于减震垫块 15 内部，通过数据传输电缆将图像信息上传至微型记录仪，在该可变焦针孔摄像头处留有孔洞，且该孔洞周边布置有冷光灯 18，在该可变焦针孔摄像头工作时，冷光灯打开，照亮钻孔内部拍摄区域，从微型记录仪显示屏上获得图像信息，通过控制变焦来获得清晰图像。水位监测仪 14 为一静压液位传感器，内置于测斜仪所在的中空金属杆件底部，监测信号通过数据传输电缆 4 上传并存储至微型记录仪 6，该微型记录仪 6 与数据传输电缆 4 末端相连，读取并存储综合监测滑杆所测位移数据和水位数据。减震垫块 15 通过螺栓与测斜仪 12 底部连接，在测斜仪 12 到达钻孔底部时，防止触地时的冲击力过大对仪器产生损伤。角度调节装置由滚动轴承 11 和与之配合的锁紧螺栓组成，该滚动轴承外圈、内圈钻密集螺纹孔 16，相邻两孔与滚动轴承中心均成 5°夹角，螺纹孔分布在滚动轴承外圈、内圈的一半，且标记第一个螺纹孔角度为 0°，最后一个螺纹孔角度为 180°，锁紧螺栓与密集螺纹孔相匹配，实现内圈、外圈不同角度的位置固定，内圈用四组金属细杆 10 与测斜仪 12 焊接，焊接时使测斜仪内摆锤摆动平面 17 与 0°所在的螺纹孔处于同一平面，方便读数，同样的角度调节装置在监测滑杆的上下两端各布置一组，并且每组角度调节装置都焊接有两个定向导轮8于旋转轴承外圈；把监测滑杆的两组定向导轮8对准导轨凹槽9放入测斜管装置7，调节角度时，先将锁紧螺栓从螺纹孔16中旋出，使滚动轴承内圈与外圈处于可转动状态后，转动监测滑杆，使测斜仪12的摆锤摆动平面17与需要测量钻孔的角度所在的螺纹孔16对齐，拧紧锁紧螺栓，固定内外圈位置，完成角度调节，下放监测滑杆。

导向提升装置包括支撑架3、定向滑轮1、手摇式缠线器5和微型记录仪6，支撑架3由三个金属支架和承载圆环2组成，金属支架为组合式金属杆，通过锁紧螺钉实现金属支架的高度可调，承载圆环2在三等分点处与三个金属支架铰接实现金属支架与承载圆环平面之间的角度可调。定向滑轮1为一定滑轮，该定向滑轮的轴部通过金属杆与承载圆环焊接，下放监测滑杆时该定向滑轮绕该金属杆转动。手摇式缠线器5由缠线圆盘和手摇杆组成，该缠线圆盘布置有支架，支架支撑在缠线圆盘轴部，缠线圆盘绕轴部旋转，该手摇杆布置在缠线圆盘边缘，测试人员摇动该手摇杆可实现转动提升或下放数据传输电缆4和监测滑杆。微型记录仪6带有显示屏，与数据传输电缆4末端相连，读取并存储综合监测装置所测数据及图像。

2.1.4 设备特点及功能

本项目研发的可变焦可调角度窥视测斜仪具有如下特点与功能：

（1）该装置可开展多角度不同方向位移的测量，能够清晰地表现出因位移引发的钻孔形态改变，避免了以往测斜仪器只能测量平行边坡方向或垂直边坡方向位移的缺陷。

（2）该装置可实现地下水位的测量，避免了单独水位测试工作，提高了劳动利用率。

（3）该装置可同时进行钻孔内壁变形情况的图像采集，能够更清晰地了解钻孔内壁的变形状况及剧烈程度。

（4）该装置增设了地面导向提升装置，能够减轻测量人员的劳动强度，缩短监测时间，有利于提高数据准确性。

（5）该装置设计各装置部件易于制作，结构简单，操作方便。

2.1.5 适用条件及实测方法

可变焦可调角度窥视测斜仪可以同时测量岩质边坡与散体边坡岩土体内部多角度方向的位移和坡体内水位以及钻孔壁变形。利用该监测装置，具体监测方法包括如下步骤：

（1）下放测斜管。根据现场要求下放测斜管，并在下放过程中依次连接各节测斜管，使多节测斜管连接后达到钻孔最大深度。

（2）安装导向提升装置。架设支撑架并调整至合适的高度和角度，确保支撑架稳定并能够适应钻孔区域地形，安装固定接头和升降滑轮。

（3）角度调整。检查测斜仪，拧下锁紧螺栓，调节滚动轴承使摆锤摆动平面至所需测量的角度，拧紧锁紧螺栓，确保滚动轴承内外圈固定，转动手摇式缠线器，下放监测滑杆至钻孔底部，静止 5 s。

（4）位移、水位、变形监测。测量员摇动手摇杆提升监测滑杆，在数据传输电缆上每 0.5 m 会有标记，每提升 0.5 m，用微型记录仪记录数据及图像信息。

（5）数据处理。将微型记录仪与电脑连接，导出记录数据及图像，处理分析得出不同标高对应的边坡体位移、水位压力值和变形情况。

2.2　边坡失稳渐变效应模拟装置设计与研发

2.2.1　研发背景

排土场是露天矿产资源开采过程中形成的松散堆积地质体，有内、外排土场之分。受地形条件、经济、环境等因素制约，排土场大多采用高段排土台阶，有向高陡化发展的趋势。另外，散体边坡颗粒间胶结作用差，受振动、雨水等影响易发生滑坡、泥石流等地质灾害。近年来，对散体边坡发生滑坡甚至形成泥石流的地质灾害现象多有报道。分析研究散体边坡在振动、降雨等多因素耦合作用下的稳定性是预测和防治滑坡灾害必不可少的环节。目前对于散体边坡的稳定性大多采取数值模拟的方法对其进行稳定性验算评价，由于散体边坡岩土体力学参数受多种因素影响，难以得到准确值，数值模拟所得计算结果也只能作为一个参考。另外，已开展的底摩擦边坡模拟试验只能观测模型外表面位移变化，难以预测模型内部变形，只能宏观观测，难以研究滑坡的致灾机理。因此，研发一种能够实时监测坡体内部位移且综合考虑降雨、地下水、振动等多因素影响的散体边坡稳定性试验装置及测试方法，开展相似模拟试验，探讨多场耦合因素影响下散体边坡失稳机理，为排土场优化扩容、滑坡防治提供理论基础。

2.2.2　研发思路

该装置的目的在于基于相似理论，提供一种能够考虑多因素耦合作用下散体边坡稳定的试验装置，提供的装置可实现对振动、降雨、地下水、粒径等各因素单独作用或耦合作用下不同排弃高度、不同角度的散体边坡稳定性试验和滑坡数据监测。

2.2.3 设备构成与原理

本节介绍的块体堆积散体边坡稳定性模拟试验装置与试验方法，包括边坡模型、基底模型、框架装置、振动装置、供水装置、监测装置、底摩擦装置，其中边坡模型、基底模型放置在框架装置形成的模型箱中，振动装置与模型箱前挡板通过吸盘连接，供水装置通过水箱支架与框架装置连接，监测装置由预埋在边坡模型中的 PVC 软管、监测探头和数据记录仪组成，底摩擦装置自成体系，嵌套在框架装置中。该发明可开展考虑振动、降雨、粒径、基底倾角、基底强度等多因素耦合作用下散体边坡稳定性的试验，设计装置各部件易于制作可实时监测多因素影响下散体边坡内部位移、水位值变化，试验结果与数值模拟结果对比分析可实现对散体物料强度参数的反演。图 2-2 为块体堆积散体边坡稳定性模拟试验装置图。

由图 2-2 可知，一种块体堆积散体边坡稳定性模拟试验装置，该装置包括边坡模型、基底模型、框架装置、振动装置、供水装置、监测装置、底摩擦装置；其中，边坡模型 18 为散体物料堆积而成，可形成单台阶或多台阶边坡，单台阶坡面角度为散体物料自然安息角，物料取至现场，分颗粒选取，模拟不同粒径及不同粒径组合下的散体边坡稳定性；基底模型 27 用来模拟排土场排弃基底情况，现场取样，实验室内破碎后压制而成，形成基底模型的强度、孔隙率与现场条件

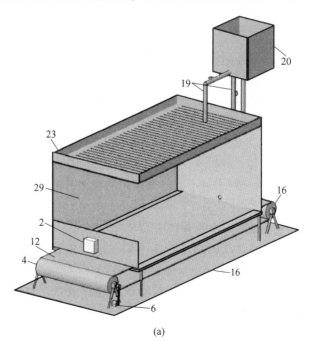

(a)

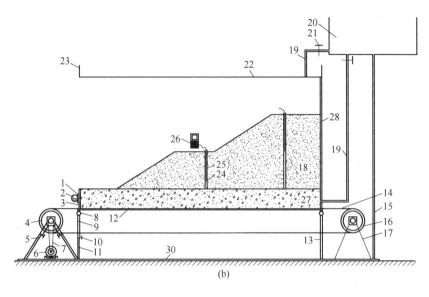

图 2-2　块体堆积散体边坡稳定性模拟试验装置

（a）装置模型图；（b）装置俯视图

1—吸盘；2—振动机；3—前挡板；4—主动轮；5—主动轮支架；6—电动机；7—电机皮带；8—销钉插槽；
9—金属套杆；10—锁紧螺钉；11—金属刻度杆；12—承载板；13—固定式支架；14—滚筒皮带；
15—水箱支架；16—从动轮；17—从动轮支架；18—边坡模型；19—导水管；20—集水箱；
21—水阀；22—供水小孔；23—供水箱；24—监测探头；25—PVC 软管；26—数据记录仪；
27—基底模型；28—后挡板；29—两侧挡板；30—底座

一致；基底模型 27 预制好后放置在模型箱中，其上堆积散体物料形成边坡模型 18；所述模型箱为框架装置一部分，由前挡板 3、后挡板 28、两侧挡板 29、承载板 12 组成，两侧挡板与承载板边缘打孔，钢丝绑扎连接，前挡板、后挡板侧边打孔与两侧挡板钢丝绑扎连接。所述模型箱由前部两根可伸缩支架（金属套杆 9、锁紧螺钉 10、金属刻度杆 11）和后部两根固定式支架 13 支撑；金属套杆 9 与金属刻度杆 11 为组合式金属杆，二者用锁紧螺钉 10 固定相对位置，可精确调节装置前端高度，实现对排土场不同排弃倾角的模拟，调节的数值可由金属刻度杆读取，金属刻度杆与固定式支架的距离已知，则可计算出承载板倾斜角度，该角度即为排土场基底倾角；金属套杆 9 与固定式支架 13 通过销钉与承载板 12 底面的销钉插槽 8 连接；金属刻度杆 11 与固定式支架 13 通过螺纹与底座 30 连接。

振动装置包括吸盘 1、振动机 2，振动机 2 通过吸盘 1 与前挡板 3 连接，振动机 2 发射的振动波通过基底模型 27 传至边坡模型 18 的底部，模拟爆破振动对散体边坡的影响。

供水装置包括水箱支架 15、导水管 19、集水箱 20、水阀 21、供水小孔 22、供水箱 23，集水箱 20 通过导水管 19 分别向供水箱 23 与基底模型 27 供水，模拟降雨和地下水环境，水阀 21 可控制导水管流量，供水小孔 22 大小可调，模拟不同的雨水冲刷效果；供水箱 23 直接安置在后挡板 28、两侧挡板 29 组成的模型箱上；集水箱 20 经水箱支架 15 与底座 30 相连。

监测装置包括监测探头 24、PVC 软管 25、数据记录仪 26，PVC 软管四周打密集小孔，预埋在边坡模型中，边坡模型中的水可由小孔渗入 PVC 软管中，监测探头测量孔内位移和水位值，数据记录仪可直接读取所测数据，可实时监测边坡体内部位移与水位值。

底摩擦装置包括主动轮 4、主动轮支架 5、电动机 6、电机皮带 7、滚筒皮带 14、从动轮 16、从动轮支架 17，电动机通过电机皮带带动主动轮旋转，主动轮通过滚筒皮带带动从动轮旋转，滚筒皮带的上部皮带处于前后挡板与承载板之间预留缝隙中，与基底模型接触，主动轮支架 5 高度可调，使滚筒皮带 14 与承载板 12 等角度调节。

2.2.4 设备特点及功能

该装置可实现多因素耦合作用下散体边坡稳定性模拟试验，装置具有如下特点与功能：

（1）该发明可开展散体边坡的相似模拟试验，同时可考虑振动、降雨、地下水、粒径、基底倾角、基底强度等多因素耦合作用下散体边坡的稳定性。

（2）该发明可开展散体边坡的相似模拟试验，避免了数值模拟手段散体物料强度参数获取困难的局限性，试验结果与模拟结果对照可反演散体物料的强度参数。

（3）该发明设计装置各部件易于制作，结构简单，可实时监测多因素影响下散体边坡内部位移变化。

2.2.5 适用条件与测试方法

采用一种块体堆积散体边坡稳定性模拟试验装置，依据相似实验原理，可开展降雨-振动耦合作用下边坡失稳滑移过程研究，试验方法具体包括如下步骤：

（1）模型制备。考虑基底强度及孔隙性，制作基底模型，模型成型后放入模型箱底部；基底模型上方自然堆积散体物料，可按颗粒尺寸分层堆积，物料堆积过程中预埋 PVC 测斜软管。

（2）装置调节。根据现场排弃物料基底倾角，调节组合式金属杆、滚筒支架高度，考虑排土场在不同倾角基底上排弃的稳定性。

（3）环境模拟。打开振动机、水阀，模拟振动、降雨、地下水对散体边坡影响，可分次打开，研究单因素的影响，也可同时开启，研究多因素耦合作用下散体边坡的稳定性。

(4) 数据监测。试验过程中，持续监测坡体内位移值，坡体内水位值。

2.3 边坡模型试验的球形运动及应力监测仪器

2.3.1 研发背景

随着露天矿开采技术的发展与成熟，露天矿矿坑深度逐渐加大。露天开采时边坡高度与坡角的增加，虽然可以减少开采时的成本，但是也要承担边坡体失稳与滑塌的风险。边坡稳定性监测可以减小这种风险，提高边坡的安全性，保证露天开采安全高效地进行。

露天开采中监测散体边坡的数据是一项耗费大量时间成本的事情，在实验室中，可以采用相似模拟试验来近似等价实际散体边坡的滑坡情况。在进行边坡模型试验的过程中，边坡模型内部的应力状态与岩石姿态是监测的重点，也是监测的难点。现有的设备可以实现对边坡内一点处应力进行监测，但是存在以下缺点：(1) 只能对边坡内固定一点进行监测，无法在初始点产生位移时进行同步位移；(2) 只能进行单一方向应力监测，无法实现对不同方向的应力进行监测；(3) 无法同时记录当前一点处岩石的姿态，并且无法根据姿态进行反向推导应力方向。因此，本书提出了一种边坡模型试验的球形运动及应力监测仪器，对原有的边坡应力测量装置进行改进和升华。

2.3.2 研发思路

该装置的目的在于克服现有应力测量装置只能测量单向应力状态，效率低，精度差等缺点，提供一种可以测量多角度，全方位应力状态，并且可以随动测量岩石姿态的边坡模型应力测量装置。该装置具有测量精度高、测量效率高的优点，可以大大降低劳动强度，提高工作效率。

2.3.3 设备构成与原理

边坡模型试验的球形运动及应力监测仪器，主要包括应变测量装置、姿态记录装置和数据处理装置，通过应力测量装置测量应变，通过姿态记录装置记录姿态，再将数据传入数据处理装置进行处理。其中，应变测量装置包括弹性应变壳和高精度电阻式应变片，姿态测量装置包括导线管和高灵敏陀螺仪姿态传感器，数据处理装置包括应变记录仪和微型计算机，使用该装置可以测量室内试验边坡模型内部岩土体不同方向的应力和运动状态，提高边坡模拟试验的效率和准确性。图 2-3 为边坡模型试验的设备构成。

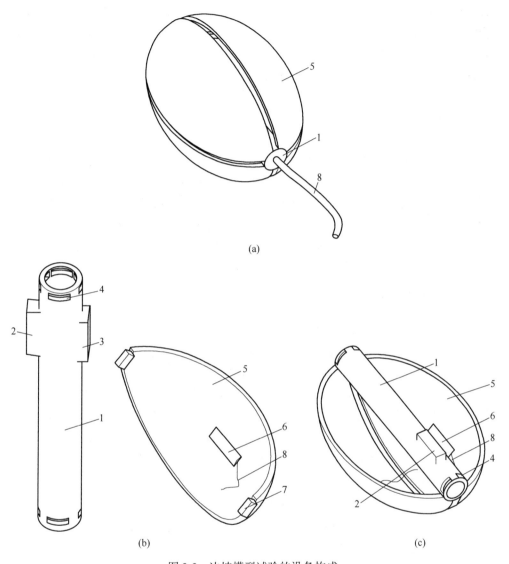

图 2-3　边坡模型试验的设备构成

（a）球形运动及应力监测仪器封装图；（b）导线管与弹性应变壳示意图；

（c）导线管与弹性应变壳的连接示意图

1—导线管；2—姿态传感器；3—导线接口；4—弹性应变壳插槽；5—弹性应变壳；

6—应变片；7—导线管插口；8—导线

由图 2-3 可知，该装置主要包括应变测量装置、姿态记录装置和外部的数据处理装置。姿态记录装置包括导线管 1、姿态传感器 2、导线接口 3 和弹性应变壳插槽 4，所述导线管 1 为 PVC 塑料材质的空心管，姿态传感器 2 为高精度陀螺仪姿态传感器，姿态传感器 2 镶嵌于导线管 1 上，当装置位于边坡模型内部时，边坡模型体的滑移通过摩擦力作用带动整个装置运动或旋转，这时姿态传感器 2 会随着导线管 1 改变姿态，姿态传感器 2 内部的陀螺仪装置会产生电信号，通过导线传输到微型计算机进行数据处理与分析，从而分析出当前姿态记录装置随边坡体运动的姿态，包括位移与旋转的姿态信息。

应变记录装置包括弹性应变壳 5、应变片 6、导线管插口 7 和导线 8。弹性应变壳 5 为 PVC 塑料材质的沿长轴切开的四分之一椭球壳，应变片 6 为高灵敏电阻式应变片，应变片 6 可以沿着各个方向粘贴于弹性应变壳上，粘贴于不同方向为测量不同方向的应变，当弹性应变壳发生弹性应变时，应变片也会随之发生应变，产生电阻变化，同时流经应变片的电流大小也会发生变化。因此，可以由电流大小计算出应变的数值。数据处理装置包括应变记录仪和微型计算机，应变记录仪通过导线管与应变片连接，微型计算机通过导线管与姿态传感器连接，并且在外部与应变记录仪连接，最终所有的数据都将汇总到微型计算机上进行处理与分析，并且可以方便地进行绘图等二次处理。

2.3.4　设备特点及功能

边坡模型试验的球形运动及应力监测装置可测量室内试验边坡模型内部岩土体不同方向的应力和运动状态，装置具有如下特点与功能：

（1）该装置增加了多方向应力测量装置，可以测量不同方向的内部应力，装置包括四个弹性应变壳，每个应变壳可以测量一个方向的应力，能够测量边坡模型内一点的四个方向的应力，弥补了之前设备只能测量单方向应力的缺陷。

（2）该装置增加了姿态记录装置，可以实现对边坡内部岩石姿态的测量与记录，通过对岩石姿态的分析进一步间接分析模拟试验的规律，实现了之前设备无法进行姿态测量与记录的功能。

（3）该发明数据可以全部直接导出到微型计算机，方便之后进行数据处理与分析，可以轻松实现数据的可视化。

2.3.5　适用条件与测试方法

边坡模型试验的球形运动及应力监测装置主要用于室内试验中散体边坡在降雨及振动耦合作用下不同区域的变形、应力监测。装置在使用过程中测试方法如下：

（1）组装。在导线管 1 的一端处存在一个矩形凹槽，将姿态传感器 2 涂抹匀胶水后，固定于导线管 1 的矩形插口上，同时将姿态传感器 2 的导线通过导线接口 3 进入导线管 1，并从导线管 1 的一端伸出，连接到微型计算机上，姿态记录装置组装完毕。在导线管 1 每一端都有四个导线管插口 7，用于铰接固定四个弹性应变壳 5，弹性应变壳 5 中间应用胶水粘贴有应变片 6，可以沿各个方向粘贴。

粘贴完毕后应将应变片 6 的导线深入导线管的导线接口 3 中，从导线管 1 的一端伸出，从而连接应变记录仪。在安装的过程中，因为导线较多，所以需要注意不要让导线过于杂乱影响装置使用。

（2）使用。使用的过程中需要将微型计算机与应变记录仪分别调试，应变记录仪需要进行归零操作，将装置置于常规状态下，然后按下应变记录仪的清零键，即可将初始应变进行调零。之后将该装置放置于边坡模型内部需要测量的位置，在实验方案预定的时间读取应变数值与姿态信息即可。

2.4 全角度坡脚钻孔稳定性动态监测装置

2.4.1 研发背景

排土场边坡的稳定可以通过边坡坡脚钻孔的稳定性反演分析。对于已揭露的煤岩体可通过直接观察，判断煤岩体物理力学性质、结构特征等分析岩体稳定性，但对于钻孔来说，由于没有直接观测的良好条件，故多采取间接观测方法，常用方法有岩芯采取法、钻孔壁印模法、钻孔壁观察法。

岩芯采取法是目前采用较为广泛的方法，通过取样钻孔中的岩芯，观察钻孔内部结构裂隙节理等，但对于不同煤岩体，岩芯取样质量不能保证，会出现岩芯结构不完整甚至破碎的情况，同时在取样过程中也会产生对岩芯的破坏。为了解决实际取样中的这一问题，采取了一种方法：在钻孔底部打一个小孔，到取芯深度，然后用锚杆进行全长锚固，并利用水泥等黏合剂将其黏合在一起，再钻取锚杆锚固段的岩芯。通过取出的岩芯可以直观观察煤岩体结构的节理裂隙密度、张开度、走向等，但是这种方法操作过程较复杂，用时较多，也受其他条件限制。

钻孔壁印模法是通过钻孔裂隙的印痕来反映钻孔壁裂隙形态的方法。这种方法采用膨胀胶管将金属箔、塑料薄膜和蜡纸等覆盖在钻孔裂隙，提取出来之后，再进行绘制、解释和分析，反映钻孔内部情况。这种方法在石油勘探水力压裂领域有应用，在井下不宜大面积使用。钻孔观察法是利用钻孔窥视仪对钻孔内部结构进行直接观测，可以快速准确地判断钻孔内部情况，也可借助锚杆锚索孔进行观测。以上三种方法前人均有使用，但存在不能实时动态观测钻孔变化情况，受周边情况影响较大等问题，故提出一种新的观测方法——一种全角度坡脚钻孔稳定性动态监测方法。

2.4.2 研发思路

该装置研发的目的在于克服现有监测钻孔稳定性技术的不足，提供一种全角度坡脚钻孔稳定性动态监测装置，实现对钻孔的全角度稳定性监测，通过对边坡坡脚钻孔变形的监测反映含软弱基底排土场蠕动变形情况。

2.4.3　设备构成原理

　　该装置为一种全角度钻孔稳定性动态监测装置，包括主体承载机构、高灵敏度应变传感器、低阻值电信号连接线、水平倾斜钻孔推杆装置及便携式精密应力应变读数显示仪；主体承载机构承载钻孔周边应力并发生相应变形；高灵敏度应变传感器置于主体承载机构内壁，与之充分接触；低阻值电信号连接线连接高灵敏度应变传感器与精密应力应变读数显示仪；水平倾斜钻孔推杆装置将主体承载机构递送到指定钻孔深部位置。该装置可实现全角度钻孔稳定性的监测，借此反映边坡体蠕动变形情况。图 2-4 为全角度钻孔稳定性动态监测装置。

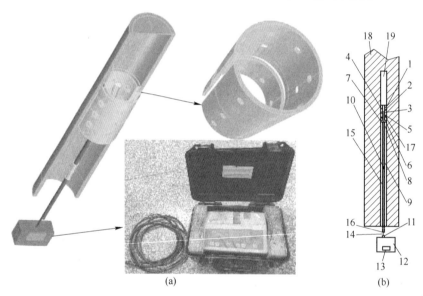

图 2-4　全角度钻孔稳定性动态监测装置

（a）装置图；（b）结构图

1—主体承载机构；2—高灵敏度电阻应变片；3—连接头；4—圆形气孔；5—免焊接
延长导线；6—条形豁口；7—两头叉；8—可伸缩杆；9—快速连接杆；10—连接螺纹；
11—接连部分；12—便携式精密应力应变仪主体；13—读数显示部分；14—连接数据线；
15—低阻值电信号连接线；16—数据连接头；17—连接导线接头；18—煤体；19—钻孔

　　如图 2-4 所示，全角度钻孔稳定性动态监测装置包括主体承载机构 1、高灵敏度应变传感器、低阻值电信号连接线 15、水平倾斜钻孔推杆装置及便携式精密应力应变读数显示仪。主体承载机构 1 承载钻孔周边应力并发生相应变形；高灵敏度应变传感器置于所述主体承载机构 1 内壁，与之充分接触；低阻值电信号连接线 15 连接高灵敏度应变传感器与精密应力应变读数显示仪；水平倾斜钻孔

推杆装置将所述主体承载机构 1 递送到指定钻孔深部位置。

主体承载机构 1 为铁皮圆筒开一条形豁口 6，底面截面形成扇形，破坏圆筒整体承载能力，使之随不同方向受力容易发生周长变化和直径变化，圆筒高 10 cm，直径可根据钻孔大小有不同种类，圆筒周边打磨整齐；主体承载机构 1 铁皮上开有圆形气孔 4，可保证监测瓦斯钻孔稳定性同时不影响瓦斯抽采工作。

高灵敏度应变传感器位于主体承载机构 1 铁皮圆筒内壁，充分接触所述主体承载机构 1 铁皮圆筒，将主体承载机构 1 变形数字化，将力学信号转化为电学信号传递出去，高灵敏度应变传感器包括高灵敏度电阻应变片 2 和免焊接延长导线 5。高灵敏度电阻应变片 2 与免焊接延长导线 5 在所述高灵敏度应变传感器一端固定连接，高灵敏度电阻应变片 2 基底为 7 mm×4 mm 与 10 mm×4 mm 两种型号。水平倾斜钻孔推杆装置由多段 2 m 长水平倾斜钻孔推杆连接组合，整体装置可达 20 m。水平倾斜钻孔推杆装置顶端的水平倾斜钻孔推杆由钻孔推杆杆头和快速连接杆 9 组成，其余所述水平倾斜钻孔推杆由快速连接杆 9 组成。水平倾斜钻孔推杆杆头由两根可伸缩杆 8 十字交叉固定组成，每根可伸缩杆两端分别有一个两头叉 7，杆头用来推递所述主体承载机构 1 至钻孔指定位置，并可根据所述主体承载机构 1 不同尺寸调整伸缩杆长度，进而用两头叉 7 固定所述主体承载机构 1。高灵敏度应变传感器和所述便携式精密应力应变读数显示仪由所述低阻值电信号连接线 15 连接。

2.4.4 设备特点及功能

全角度坡脚钻孔稳定性动态监测装置可通过监测边坡体坡脚钻孔的变形反映边坡整体的稳定性，实现对边坡整体稳定性的预测预判，装置具有如下特点与功能：

（1）该装置采用便捷的加工手段，对材料进行加工，即可以实现全角度钻孔稳定性动态监测，极大地提高了监测钻孔稳定性的效率。

（2）该装置主体承载机构开一条形豁口，并采用不同角度放置，实现了钻孔全角度的监测，对研究边坡不同方向的变形大小有重要意义。

2.4.5 适用条件与测试方法

全角度坡脚钻孔稳定性动态监测装置主要用于软弱基底排土场的变形监测，其测试方法如下：

（1）设备制作。将不同直径的铁皮圆筒加工成高 10 cm 的主体部分，并沿圆筒母线开一个 1 cm 的条形豁口，形成主体承载机构。

（2）设备组合。用强力黏结剂将高灵敏度应变传感器固定在主体承载机构内壁中部位置，连接高灵敏度电阻应变片与免焊接延长导线。

（3）杆件加工。将两个两头叉分别固定在可伸缩杆两端，并将两根可伸缩杆在中部十字交叉固定在首根快速连接杆一端，在首根快速连接杆另一端打磨连接螺纹，在其余快速连接杆两端打磨连接螺纹。

（4）线路连接。根据放置主体承载机构的钻孔位置选用对应长度的低阻值电信号连接线连接免焊接延长导线和便携式应力应变读数显示仪连接数据线。

（5）设备安置。用水平倾斜钻孔推杆杆头固定主体承载机构，并及时连接快速连接杆和递送低阻值电信号连接线，将主体承载机构推递到指定钻孔位置。

（6）采集钻孔变形数据。钻孔与主体承载机构充分接触，可反映出一个范围内的钻孔变形坍塌情况，通过高灵敏度电阻应变片、低阻值电信号连接线和数据连接线将应变传输出来，即反映钻孔变形情况，由于主体承载机构放置角度不同，可表现不同方向钻孔的形变，并可动态采集数据，实现钻孔变形数据的采集。

3 露天煤矿边坡稳定性分析方法

边坡稳定性计算是边坡稳定性研究和评价的主要依据，这项工作直接关系到整个边坡研究及滑体方案设计工作的最终结论。因此，能否确定出具有工程代表性的剖面，找出符合客观实际的破坏模式，选定适当的计算方法，根据具体的工程地质条件确定岩体力学参数，运用先进的方法和手段，是做好这项工作的关键。只有做到以上诸方面，才能做出恰当的、符合客观实际的评价[62]。

3.1 概　　述

目前，用于边坡岩体稳定性分析的方法，主要有数学力学分析法（极限平衡法、弹性力学、弹塑性力学和有限元法等）、工程类比法和图解法（赤平极射投影法、实体比例投影法、摩擦元法等）、模型模拟试验法（相似材料模拟试验、光弹试验和离心模型试验等）及原位观测法等，此外还有破坏概率法、信息论方法及风险决策等新方法。目前广泛应用于工程界的稳定分析方法主要有极限平衡分析法及数值方法。

定性分析方法主要是分析影响边坡稳定性的主要因素、失稳的力学机制、变形破坏的可能方式及工程的综合功能等，对边坡的成因及演化历史进行分析，以此评价边坡稳定状况及其可能发展趋势。该方法的优点是综合考虑影响边坡稳定性的因素，快速地对边坡的稳定性做出评价和预测。常用的方法有地质分析法（历史成因分析法）、工程地质类比法、图解法、边坡稳定专家系统。

边坡的定量分析方法，主要有如下几种。

3.1.1 滑移线法

滑移线法同时考虑屈服条件（Mohr-Coulomb 准则）和平衡方程，导出基本的微分方程-塑性平衡方程，进而在屈服区内确定滑移线网，结合应力边界条件，得出各种问题的解。滑移线法不考虑岩体内部应力-应变关系，而按照固体力学，真实解必须满足这个条件。由滑移线方程得到的屈服区应力场不一定是正确的解，同时也不能确定是一个上限解还是一个下限解。如果通过一个给定的应力-应变关系能把一个相容的位移场或者速度场与屈服区应力场联系起来，则滑移线解是一个上限解；同时如果屈服区应力场可以拓展到整个求解域且满足平衡方程、屈服条件和应力边界条件，则滑移线解又是一个下限解。能满足上述两条，滑移线解就会是极限荷载的精确解。

3.1.2 极限平衡法

极限平衡法是一种最古老的边坡稳定性分析方法。早在 1916 年瑞典人彼德森就提出了极限平衡法。到目前为止，以极限平衡法为代表的常规方法仍是国内外广泛应用的方法。其基本出发点是把岩土体作为一个刚体，为方便计算做一些假定，不考虑岩土的应力-应变关系，因而这种建立在刚体极限平衡理论上的稳定性分析方法无法考虑边坡的变形与稳定。极限平衡分析方法的优点是：

（1）采用经典的力学平衡分析方法进行计算，物理力学概念明确。

（2）可以用手工计算，无需借助大型计算机，因此在计算机发展之前，极限平衡法在边坡稳定性分析和计算中占有重要的地位。

（3）采用极限平衡分析方法可以将边坡的下滑力和抗下滑力进行单独分析，从而获得明确的安全系数。

极限平衡分析方法的显著缺点是为了简化计算，做了较多的假设。由于岩土体是一种复杂的介质，它的力学特性常与地质构造和长期的地质历史有关。岩土体具有多裂隙性、分层性、力学性质上的非均质性、各向异性、应力-应变关系的非线性、流变性，在不同条件下岩体还具有脆性或塑性破坏，并往往呈现渐进破坏的特点。岩体往往具有初始应力，加上工程对象所特有的复杂边界条件，以及复杂的地质条件等。所有的这些问题，经典的力学方法往往是难以顾及的。

3.1.3 极限分析法

与滑移线法或者极限平衡法不同，极限分析法以一种理想的方式建立了极限分析条件。极限分析法的下限定理是构造一个静力场，使之满足平衡方程、应力边界，处处不违背屈服条件的应力分布（静力许可应力场），这时所确定的荷载不会大于实际破坏荷载。可见下限方法不考虑岩土体运动学条件，只考虑平衡方程和屈服条件。上限定理是满足速度边界、应变与速度相容条件的变形模式（运动许可速度场）中，由外功率等于消耗的内功率得到的荷载，不小于实际破坏荷载。可见上限只考虑速度模式和能量消耗，不要求满足平衡条件，而且只要在变形区域内定义。

因此对于一个问题，只要适当地选择应力场和速度场，就可以使所求的破坏荷载限制在很接近的小范围之内。

3.1.4 数值方法

随着计算机硬件与软件的不断发展，利用数值方法进行边坡稳定性分析成为可能。1967年人们第一次尝试用有限元法研究边坡稳定性问题，给定量评价边坡稳定性创造了条件，使边坡稳定性分析逐步过渡到了定量的数学解法。以有限元法为代表的数值方法，可以对不同的单元根据具体情况指定不同的力学性质；可以对节理裂隙等软弱层设置适当的软弱面单元；可以方便地处理层状岩土体和有规则的节理岩体所表现出的正交各向异性；可以精确地估算地下渗流或爆破震动等对岩土体应力场、位移场以及稳定性的影响；还可以方便地处理各种不规则的几何边界以及各种复杂的边界条件。用数值方法分析边坡的稳定性，不仅能较方便地考察构造应力场的影响和模拟各种开挖高度的影响，获得坡体内的应力场、位移和塑性区的分布状态，而且还能求出可能的滑动面和安全系数。但是，由于目前岩土体试验技术还落后于客观需要，不能为数值方法提供准确的数据。而且由于部分力学模型尚存在一些缺陷，以及还有一些没有被人们认识的领域等原因，计算数据和计算模式还不能完全满足设计要求。

有限单元法解题步骤已经系统化，并形成了很多通用的计算机程序。其优点是部分地考虑了边坡岩体的非均质、不连续介质特征，考虑了岩体的应力应变特征，因而可以避免将坡体视为刚体、过于简化边界条件的缺点，能够接近实际地从应力应变分析边坡的变形破坏机制，对了解边坡的应力分布及应变位移变化很有利。与传统的极限平衡法相比，有限单元法的优点主要有：（1）破坏面的形状或位置不需要事先假定，破坏自然地发生在剪应力超过边坡岩土体抗剪强度的地带；（2）由于有限单元法引入变形协调的本构关系，因此不必引入假定条件，保持了严密的理论体系；（3）有限元解提供了坡体应力变形的全部信息。其不足之处是：数据准备烦琐、工作量大，原始数据易出错，不能保证整个区域内某些物理量的连续性；对解决无限性问题、应力集中问题等精度较差。

目前，应用于力学分析和计算的软件非常多，如 Ansys、Marc、Adina、Abaqus、Diana 等普遍使用的有限元程序；专门针对岩土工程的软件有 Geos-loge 公司的 Sigma/W，RockScienc 公司的 Phasc2，Plaxis 公司的 Plaxis，ITASCA 公司的 FLAC（有限差分法程序）、UDEC（离散元法程序）、PFC（颗粒流程序），FIDES 公司的 KEM（运动单元法程序）等。

3.1.5　概率方法

以上的极限平衡法和数值方法是基于确定性模型的。边坡稳定性分析中，岩土特性是空间变化的，取样的数目是有限的，测试过程以及岩土的原位特性与测定值之间是不确定的。此外荷载的精确分类、量值的大小及其分布也都是不确定因素。这些因素对于用确定性计算方法来预测边坡稳定性的影响是显著的。如果采用非确定性理论就能够考虑岩土特性和荷载的变异性，可以对各种各样不确定因素的复杂影响做出总量的估计，就能为复杂的实际问题提供可靠的结果。因此，如果将常规的、确定性的边坡稳定性计算方法与非确定性理论相结合，使它们相互渗透、相互交叉、扬长避短，可望开拓边坡稳定性计算方法的新途径。迄今为止，国内外的许多边坡工程中采用概率分析方法所解决的边坡稳定性问题已获得不同程度的成功，概率分析方法已代表了边坡稳定性分析的一个新的发展方向。人们普遍认为，当滑体的几何要素及滑动面的产状与强度指标具有不确定性时，概率方法具有明显的优越性。但是，正如任何一门学科都有其局限性一样，概率方法在应用上也有局限性。首先，在稳定性计算中，破坏概率只反映了计算参数的分散性引起的不确定性，而不包括各种未能考虑的工程因素；其次，对同一边坡，不论对于重要工程还是次要工程，以 $F_a < 1$ 为标准的破坏概率都相同；而且，对于一个不稳定的系统，一个包含着人的因素影响和作用的系统，概率的频率稳定性规律常常被破坏了。在这些情况下，传统概率方法的应用有效性便值得怀疑。

3.1.6 模糊和灰色理论

自然界存在的不确定性，既可能是随机的，也可能是模糊的或灰色的。随机性是指事件的发生与否是不确定的，但事件本身具有明确的含义。而模糊或灰色性则是事件本身的含义在概念上是不清楚的。模糊指外延确定，内涵不确定。而灰色则指内涵确定，外延不确定（内涵指内在含意，外延则指哪些事物符合此概念）。模糊和灰色这两个概念探索的途径尽管是殊途，但其实质却都是一种广义的晰化过程。为了方便与简化起见，不妨把它们统称"模糊"，而不管它们表示的系统状态是属于内涵还是外延。此外，把处理自然界中不确定性的概率理论、模糊数学和灰色理论统称为非确定性理论。概率论的产生，把数学应用范围从必然现象扩大到偶然现象的领域。

模糊数学或灰色理论的产生则把数学的应用范畴从精确现象扩大到模糊现象的领域。概率论研究和处理随机性，模糊数学或灰色理论研究和处理模糊性，二者都属于不确定性数学，它们之间有深刻的联系，但又有本质的不同。边坡稳定性分析是不确定性问题，具有随机性、模糊性。传统方法为定值方法，没有考虑实际存在的不确定性，所给的安全系数并不能反映分析对象真实的安全度和可靠度，对于这类具有模糊性的事件可以采用模糊数学方法。如刘瑞珍等采用模糊数学方法充分考虑工程实际经验，建立了模糊综合评判模型。

3.1.7 应用系统科学、人工智能、神经网络、进化计算

应用系统科学、人工智能、神经网络、进化计算等新兴学科理论，综合研究岩土边坡工程系统的不确定性和工程经验，发展出一套切实可行的智能力学分析方法，这可能是解决复杂的边坡工程问题的一条有效途径。

3.2 岩质边坡滑坡模式

岩质边坡破坏模式包括崩塌、倾倒破坏、平面滑动、楔体滑动、近似圆弧形滑动、岩层曲折破坏及圆弧-折线滑动等类型。

3.2.1 顺倾滑动型破坏

对于顺倾岩层，岩层倾角小于边坡坡角的缓倾角和中等倾角（岩层倾角<边坡角度<40°）情况，这种边坡的破坏过程受蠕滑的发展所控制，而蠕滑的发展又受凝聚力和摩擦角所控制，在岩体自重及地应力共同作用下，当岩体抗滑力小于下滑力时，边坡坡体将产生蠕滑趋势，随着蠕滑程度的进一步发展，将导致边坡岩体向坡前临空面发生剪切蠕变，坡体后缘产生拉裂、解体，并且自坡面向坡体深部发展，最终形成滑坡，此类滑坡受弱层控制明显。

3.2.2 反倾切断型破坏

对于反倾岩层，其稳定性受控于反倾结构面的发育程度、岩层厚度、岩层倾角与坡脚的关系、软弱结构面的强度等。反倾向层状岩体边坡受岩体自重作用，边坡开挖时，地应力得以释放，当岩体次生结构面发育，岩体受风化侵蚀等综合作用下，岩体力学指标不足以抵抗地应力产生的变形时，岩体将产生局部的失稳，随着时间的推移，风化程度逐渐加深，局部失稳区域增加，最终形成滑坡。

3.2.3 局部台阶松动崩塌破坏

露天矿开挖后边坡岩体在减荷方向（临空面）产生卸荷拉伸回弹变形（图3-1(a)），在爆破震动、地下水作用下拉伸裂隙以及原生结构面不断扩展（图3-1(b)），把边坡坡体分割成块体结构，当块体脱离母体后翻滚跌跃而下发生崩塌破坏（图3-1(c)）。该破坏现象是矿山边坡常见的失稳形式，但发生在局部台阶坡体上，范围较小。

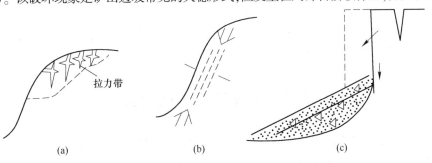

图 3-1　松动崩塌型破坏模式

3.2.4 均质追踪节理滑动型破坏

对于整体边坡只有一种岩性的岩质边坡。此类岩质边坡稳定性主要取决于优势的次级结构面方位，岩体凝聚力和摩擦角等力学指标。边坡开挖形成过程中，地应力和岩体自重共同作用下产生下滑力，岩体自身不足以抵抗这些变形时，坡脚处将最先出现失稳现象，产生滑坡趋势，随着时间的推移，微结构逐步发育成次级结构面，原有次级结构面受充填物的影响开度也会随之增加，破坏区将逐渐扩大，最终形成类圆弧形破坏。

3.2.5 楔体型破坏

对于整体边坡来讲，必须满足存在两组斜交的优势结构面，结构面在坡面上出露相交成锲形体，并且两组结构面组合交线的倾向与边坡倾向相近，倾角小于坡面而大于其摩擦角。这种破坏多发生在局部台阶，对于整体边坡比较少见。图3-2 为楔体滑坡破坏模式示意图。

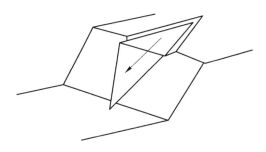

图 3-2   楔体滑坡破坏模式示意图

3.2.6 圆弧及圆弧-折线型破坏

在边坡没有较大的顺层、逆层及可控制边坡破坏的节理裂隙等情况下时，边坡主要的滑坡模式主要为圆弧型滑坡。而如果边坡底层含有控制边坡稳定的弱层时，边坡滑坡模式主要为圆弧-折线型滑坡，在弱层以上的岩层中滑裂面为圆弧形，之后沿着弱层折线滑出。

3.3   散体边坡滑坡模式

根据露天排土场滑坡形成原因和滑坡体形状，可将滑坡分成三类：排土场内部滑坡、沿地基基础面滑坡、软弱地基底鼓滑坡。

3.3.1 排土场内部滑坡

排土场在自身重力作用下逐渐产生压密和沉降，其变形特征主要表现为下沉和裂缝。裂缝规模通常不大，并不会引起排土场边坡形状的剧烈变化。当下沉和裂缝发展成为内部滑坡时，排土场形状发生显著影响，如图3-3所示。正常的剥离和采矿作业受到直接或间接的影响。内部滑坡通常由于组成边坡的破碎土岩物料力学性质较弱，排土工艺不合适或其他外界条件（如外载荷和降雨等）的影响所导致的排土场剧烈变形现象。

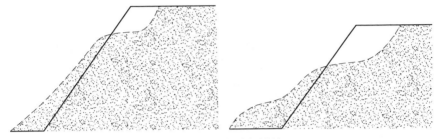

图 3-3 排土场内部滑坡

3.3.2 沿地基接触面滑坡

当排土场地基倾斜较多较大时，排土场内部容易发生沿地基接触面滑坡，有些水平地基排土场当地基性质较弱时此类滑坡也时有发生，但总体发生较少，如图3-4所示。该类滑坡通常在山坡排土场发生，滑坡原因一般由于在矿山基建初期，采场大量表土和风化后的岩石率先排弃至排土场底部，从而人为形成了软弱层。在降雨或由于原山坡面和该软弱层之间的水补充后，基底的浸水软弱岩土强度急剧减小，很容易形成排土场滑坡。当基底倾角较大、基底土岩强度较低时滑坡或泥石流就更容易产生。

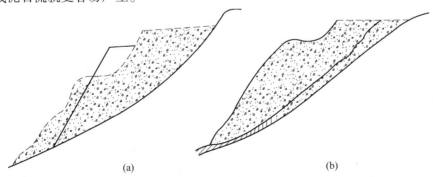

(a)   (b)

图 3-4 沿地基接触面滑坡

（a）沿地基接触面滑坡；（b）沿地基表土层滑坡

3.3.3　软弱地基底鼓滑坡

此类滑坡通常发生在基底坡度较陡的山谷，山坡排土场地区。当排土场基底的角度接近或大于破碎物料的内摩擦角时，通常会产生沿接触面的滑坡。若靠近基底表面的内部有弱层，由于弱层的存在，上部土岩重力作用对弱层的压力过大时就很容易出现底鼓，如图 3-5 所示。正是由于基底和排土场土岩体的共同作用，使排土场边坡更容易发生底鼓滑坡。

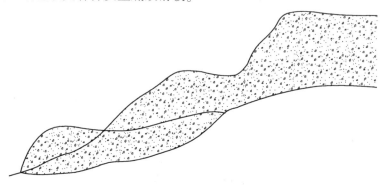

图 3-5　软弱地基底鼓滑坡

3.4　极限平衡分析方法

3.4.1　安全系数定义

边坡稳定性定量分析的核心问题是边坡安全系数的计算。边坡稳定性分析的方法很多，目前工程界普遍采用的计算方法仍为极限平衡法，因其计算方法简便，并能定量地给出边坡稳定性系数的大小。不足点是不能给出边坡岩体的受力变形状态，数值分析方法则正好弥补了这一不足，但在很多情况下数值分析不能给出一个确定的破坏面。

基于安全系数可以建立多种分析方法，如瑞典条分法、毕肖普法、Morgenstern-Price 法、Sencer 法、Sarma 法、Janbu 法及余推力法等。

3.4.2　常用的极限平衡方法

3.4.2.1　瑞典条分法

对于外形比较复杂的非均质岩坡，且有渗透影响和地震惯性力影响时，整个滑动岩土体上力的分析就比较复杂。滑动面各点的抗剪强度又与该点法向应力有关，并非均匀分布，因此，应用瑞典条分法可将滑动岩土体分为若干条块，根据各岩土条块的剪切力和抗滑力，达到整个滑动岩体的力矩平衡，求得安全系数。

圆弧形条分法由瑞典费兰纽斯等所创立，也称瑞典法。针对平面问题，假定可能的滑面为圆弧形，位置和安全系数经反复试算确定，计算中不考虑条块间的作用力。计算过程如下：

（1）在已给定的边坡上，做出任意通过坡脚的圆弧 AC，半径为 R，以此圆弧作为可能的滑动面，将滑动面以上的体分为几个条块（图3-6）。

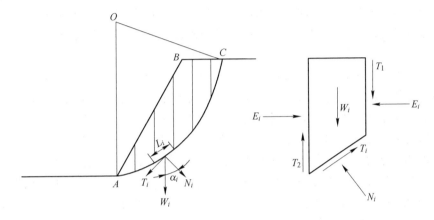

图3-6 圆弧形条分法计算图式

（2）计算作用在每一个条块上的力，将每一个条块的自重 W 分解为垂直于滑动面的法向压力 N 和平行于滑动面的切向力 T，即：

$$N_i = W_i\cos\alpha_i \tag{3-1}$$

$$T_i = W_i\sin\alpha_i \tag{3-2}$$

作用于该条块所对应的长为 L_i，还有摩擦力 $N_i\tan\varphi$ 和黏聚力 CL_i，这些都是抵抗滑动的力。

在条块分界面上还有 E_1、E_2、T_1、T_2 等力，为了简化计算，假定 $E_1 = E_2$，$T_1 = T_2$。计算中这些力不予考虑。

（3）计算各条块的下滑力对滑弧圆心 O 点的力 M_1：

$$M_1 = R\sum_{i=1}^{n} T_i = R\sum_{i=1}^{n} W_i\sin\alpha_i \tag{3-3}$$

（4）计算各条块抗滑力对 O 点的力 M_2：

$$M_2 = R\sum_{i=1}^{n} (CL_i + N_i\tan\varphi) = R\sum_{i=1}^{n} (CL_i + W_i\cos\alpha_i\tan\varphi) \tag{3-4}$$

（5）计算安全系数 F_s：

$$F_s = \frac{M_2}{M_1} = \frac{R\sum_{i=1}^{n} (CL_i + W_i\cos\alpha_i\tan\varphi)}{R\sum_{i=1}^{n} W_i\sin\alpha_i}$$

$$= \frac{CL + \sum\limits_{i=1}^{n} W_i \cos\alpha_i \tan\varphi}{\sum\limits_{i=1}^{n} W_i \sin\alpha_i} \tag{3-5}$$

瑞典条分法是 Fellennius 于 1927 年提出的，适用于均质土中圆弧滑面，把安全系数定义为各分条对滑面圆心的抗滑力矩之和与下滑力矩之和的比值，该方法不考虑分条之间力的作用，所以低估了安全系数，适用于浅层的散体边坡。

3.4.2.2 毕肖普法

毕肖普（Bishop）法（1955 年）设滑面为圆弧面，安全系数表述为对滑面旋转中心的抗滑力矩与下滑力矩之比，每个分条都处于力的平衡状态。这一方法在求解安全系数时考虑了分条间力的作用。对于分条间的法向力虽然在安全系数的表达式中不存在，但它是在推导安全系数的过程中，通过平衡方程消去的。每个分条都满足力的平衡条件，整个滑体满足力矩的平衡条件，没有考虑单个分条力矩的平衡条件。由于分条间的剪力很难求得准确，所以从实用的观点出发，忽略了分条间剪力的作用，这就是 Bishop 简化法（Bishop Simplified Method）。Bishop 法是按力矩定义的安全系数，在安全系数的表达式中，又消除了滑面旋转半径的影响，所以它只适用圆弧滑面。

简化 Bishop 法是计算单一圆弧形破坏最为常用的方法。此种方法将滑体垂直分为 n 个条块，取其中一块为 i，其几何形状及受力分析如图 3-7 所示。

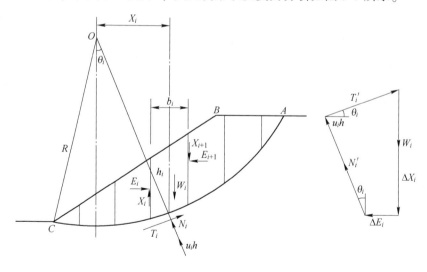

图 3-7　毕肖普法计算图

第 i 条块高 h_i，宽 b_i，底滑面长 L_i，底面倾斜角为 θ_i；E_i 为条块重心与滑弧圆心的垂向距离；R 为滑弧半径；W_i 为条块自重；Q_i 为水平向作用力（如地震惯性力）；N_i、T_i 分别为条块底部总法向力和切向力；E_i 及 X_i 分别表示法向及切向条间力。假定条块间切向力 X_i 略去不计，导出安全系数公式：

$$F_s = \frac{\sum_{i=1}^{n}\left[C_i b_i (W_i - u_i b_i)\tan\varphi\right]/m_{\theta_i}}{\sum_{i=1}^{n} W_i \sin\theta_i + \sum_{i=1}^{n} Q_i \dfrac{e_i}{R}} \tag{3-6}$$

式中，$m_{\theta_i} = \cos\theta_i + \sin\theta_i + \tan\varphi/F_s$；$C_i$、$\varphi$ 为条块的面黏聚力与摩擦角；u_i 为条块底部孔隙水压力。

3.4.2.3 简布法

简布（N. Janbu）提出了非圆弧普遍条分法。在实际边坡的滑动破坏中，很可能存在非圆弧滑面，针对这种情况，N. Janbu 于 1954 年提出了用条分积分法计算任意形状滑面的安全系数，并将这种方法于 1957 年应用于土坡应力与地基承载能力的计算中。简布法的每个分条都满足力与力矩的平衡条件，并整个滑体满足力的平衡条件。关于分条间内力的作用点进行了假设，为此引入了"力线"的概念（Line of Thrust），所以它是一种近似求解法。安全系数按滑面上力的平衡求出。该法的特点适用于非圆曲面滑动形式，并且每个分条带都能满足力与力矩的平衡条件。

对于松散均质的边坡，由于受基岩面的限制而产生两端为圆弧、中间为平面或折线的复合滑动，此时分析复合破坏面的边坡稳定性可用简布法，如图 3-8 所示。

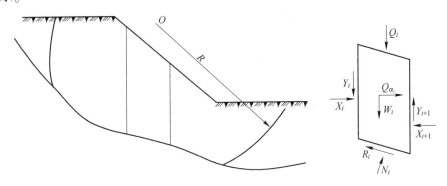

图 3-8 简布法计算图

假设条件：垂直条块侧面上的作用力位于面之上 1/3 条块高处；作用于条块上的重力、反力通过条块底面的中点。

条块上作用力有：分块的重量 W_i；作用在分块上的地面荷载 Q_i；作用在分块上的水平作用力（如地震力）Q_{α_i}；条间作用力的水平分力 X_i；条间作用力的垂直分力 Y_i；条块底面的抗剪力（抗滑力）R_i；条块底面的法向力 N_i。

$$k = \frac{\sum \frac{1}{m_{\alpha_i}}\{C_i b_i + [(W_i + Q_i - u_i b_i) + (Y_i - Y_{i+1})]\tan\varphi_i\}}{\sum\{[W_i + (Y_i - Y_{i+1}) + Q_i]\tan\varphi_i + Q_{\alpha_i}\}} \qquad (3-7)$$

其中

$$m_{\alpha_i} = \cos^2\alpha_i \frac{1 + \tan\alpha_i\tan\varphi_i}{K}$$

式中，u_i 为作用在分块滑面上的孔隙水压力；b_i 为岩土条块宽度；α_i 为分块滑面相对于水平面的夹角；C_i 为滑体分块滑动面上的黏聚力；φ_i 为滑面岩土的内摩擦角。

3.4.2.4　Morgenstern-Price 法

Morgenstern-Price 法（1965 年），为了消除计算方法上的误差，Morgenstern 和 Price 考虑了全部平衡条件与边界条件，并对 Janbu 推导出来的近似解法提供了更加精确的解答。对方程式的求解采用的是数值解法（即微增量法），滑面的形状为任意的，安全系数采用力平衡法。这种方法与 Janbu 法相比在安全系数上的差别大约为 8%。在分条间剪力及法向力的假设上引入了某一函数，函数的具体形式也曾有人进行过分析对比，总的结果是该假设函数的具体形式对安全系数的影响不大。

该法的特点是考虑了全部平衡条件与边界条件，滑面形状为任意的，安全系数为力的平衡法，采用数值法求解。

常用的极限平衡计算方法如表 3-1 所示。

表 3-1　边坡稳定性评价方法汇总表

方法类型与名称	应用条件和要点
瑞典条分法 （1927 年）	圆弧滑面。定转动中心，条块间作用合力平行滑面
毕肖普法 （1955 年）	非圆弧滑面。拟合圆弧于转心，条块间作用力水平，条间切向力 X 为零
简布法 （1956 年）	非圆弧滑面。精确计算按条块滑动平衡确定条间力，按推力线（约滑面以上 1/3 高处）定法向力 E 作用点；简化计算条间切向力 $X=0$，再对稳定系数作修正
斯宾塞法 （1967 年）	圆弧滑面，或拟合中心圆弧。X/E 为一给定常值
摩根斯坦-普赖斯法 （1965 年）	圆弧或非圆弧滑面。X/E 存在于水平方向坐标的函数关系（$X/E = \lambda f(x)$）

续表 3-1

方法类型与名称	应用条件和要点
传递系数法	圆弧或非圆弧滑面。条块间合力方向与上首采块滑面平行 ($X_i/E_i = \tan\alpha_{i-1}$)
楔体分析法（霍埃克等，1974 年）	楔形滑面，各滑面均为平面。以各滑面总抗滑力和楔形体总下滑力确定稳定系数
萨尔玛法（1979 年）	非圆弧滑面或楔形滑面等复杂滑面。认为除平面和圆弧面外，滑体必先破裂成相互错动的块体才能滑动，方法以保证块体处于极限平衡状态为准确定稳定系数

3.4.3 稳定性分析中几个问题的处理

3.4.3.1 滑动面寻找方法

计算中普遍采取最优化寻优与现场实测滑面位置相结合的办法寻找最大范围可能的破坏区。

基本假定如下：

（1）剪切破坏面形态用圆心坐标 (X_O, Y_O) 描述，并从坡脚剪出。

（2）由于圆心坐标 (X_O, Y_O) 两参数同时变化，为防止圆弧面与边坡面不相交，选择另一有效变量 X_C 和圆心坐标 (X_O, Y_O) 一起来描述圆弧形剪切破坏面形态，如图 3-9 所示。

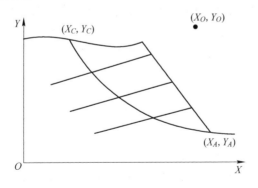

图 3-9 圆弧形剪切破坏面和形态

X_C 为边坡面上的任意一点 (X_C, Y_C) 的横坐标值，Y_C 可通过边坡几何特征点坐标插值求得。

（3）假定变量 X_C 和圆心横坐标 X_O 及坡脚坐标 (X_A, Y_A)，则圆心坐标 Y_O 就可通过下式求得：

$$(X_O - X_A)^2 + (Y_O - Y_A)^2 = (X_O - X_C)^2 + (Y_O - Y_C)^2 \qquad (3-8)$$

边坡临界滑面确定的单纯形优化法：

最优化方法是近代数学规划中十分活跃的一个领域，目前，已有许多十分成熟的计算方法。总的来看，最优化方法分为两个体系。

一种为确定性方法。它又可以分为直接搜索法和解析法两类。直接搜索法通过比较按照一定模式构筑的自变量的目标函数，搜索最小值。人们熟知的枚举、网格法、优选法，都是原始形式的直接搜索法。单形法、复形法、模式搜索法等则是效率较高的直接搜索法。解析法的基本思路是寻找目标函数相对于各自变量的导数均为零的解，如负梯度法、DFP 法等。总的来说，这两类方法均可以较好地解决边坡稳定的最小值分析问题。

另外，最优化领域也出现了模拟退火、神经网络、遗传算法等新的方法，也为边坡稳定分析领域提供了新的手段，这方面目前仍是一个活跃的研究课题。

计算采用单纯形优化法确定最小安全系数的临界滑裂面，其原理为：

对某一初始向量 Z_0，按下面模式构筑 n 个向量 $Z^i (i = 1, 2, \cdots, n)$，组成单形。

$$
\begin{aligned}
Z^1 &= [z_1^0 + p, z_2^0 + q, \cdots, z_m^0 + q] \\
Z^2 &= [z_1^0 + q, z_2^0 + p, \cdots, z_m^0 + q] \\
Z^3 &= [z_1^0 + q, z_2^0 + q, \cdots, z_m^0 + p]
\end{aligned}
\tag{3-9}
$$

式中，$p = \dfrac{\sqrt{n+1} + n - 1}{\sqrt{2} n} a$，$q = \dfrac{\sqrt{n+1} - 1}{\sqrt{2} n} a$。$a$ 为选定的步长，按照一定的方式通过反射、扩充和收缩，使单形不断更新逼近极值点。收敛准则为：

$$
\left\{ \frac{1}{n+1} \sum_{k=1}^{n} \left[F(Z^k) - F(Z^a)^2 \right] \right\}^{\frac{1}{2}} < \varepsilon
\tag{3-10}
$$

其中

$$
Z^a = \frac{\displaystyle\sum_{k=1}^{n} Z^k}{n+1}
$$

3.4.3.2 爆破对边坡稳定性的影响

爆破开挖引起的震动对边坡稳定性的影响包括两个方面：一方面是对最终边坡引起直接破坏，表现为使边坡表层岩体松散变形，从而破坏边帮岩体的完整性，降低其强度；另一方面是爆破产生的动荷载导致边坡岩体瞬时下滑力增加，岩体变形有所积累，逐渐破坏边帮岩体的完整性，从而降低其稳定性。

爆破震动对边坡的影响程度与起爆药量、起爆方式、边坡至爆心的距离及边坡的地质条件等因素有关。减轻爆破震动危害的有效方法是采取合理的控制爆破措施，如光面爆破、预裂爆破等。

露天采场处于正常的开采生产中，岩体爆破对边坡的影响是动荷载效应，这是影响边坡稳定的因素之一。这种破坏的典型形式是滑体后部破裂顶部龟裂和岩体表面松动。为了反映动荷载对边坡潜在滑动面的影响和滑动处应力储备，该分析中参照有关震动资料，按爆破震动所产生的动荷载叠加到荷载项。

爆破震动荷载采用拟静力计算方法计算。爆破震动荷载一般根据爆破震动实测数据计算确定。由爆破实测数据计算爆破荷载对边坡稳定影响时，采用等效静荷载折算公式：

$$F = \beta k_0 W = KW \tag{3-11}$$

式中，β 为爆破动力折算系数；k_0 为爆破荷载的地震系数，$k_0 = a/g$；K 为爆破荷载拟静力系数；a 为质点最大振动加速度，m/s^2；W 为岩体质量，N。

对于爆破震动加速度，可采用如下的经验公式：

$$a_m = K' \frac{Q^{\alpha/3}}{R^\alpha} \tag{3-12}$$

式中，a_m 为质点振动加速度峰值，m/s^2；Q 为爆破装药量，微差爆破按最大段药量计，kg；R 为滑体形心至爆破中心距离，m；K' 为与岩性、爆破方法和爆破条件有关的系数，可以通过试验求得；α 为爆破衰减系数。

3.4.3.3 渗流在稳定性计算中的处理

地下水对边坡岩体稳定性起着重要的作用。从对许多滑坡事故的分析可以发现其中有不少滑坡是在暴雨后发生的，水的作用往往成为滑坡的直接原因。

地下水对边坡稳定性的影响可归纳为以下两点：

（1）静水压力。这是地下水对边坡作用的主要形式，对边坡的影响是降低岩体的抗剪强度和产生水平推力及浮托力。

（2）动水压力。地下水的渗透压力能加速边坡的滑动。

由于露天采场的开采，周围岩体产生较大范围的水降，矿坑的涌水主要是岩溶水，在坡面上没有发现明显的浸润线，因此，在计算上适当提高岩体容重。

对于坡体部分渗水，如图 3-10 所示，此时水下条块的重量都应按饱和容重计算，同时还要考虑滑动面上的孔隙水应力（静水压力）和作用在坡体坡面上的水压力。现除静水面 EF 以下滑动岩土体内的孔隙水应力（合力为 P_1），坡体坡面上的水压力（合力为 P_2）以外，在重心位置还作用有孔隙水的重量和岩土浮力的反作用（其合力大小等于 EF 面以下滑动岩土体同体积水量，以 G_W 表示）。因为是静水压力，这三个力组成一平衡系。这就是说，滑动岩土体周界上的水压力 P_1 和 P_2 的合力与 G_W 大小相等，方向相反。因此，在静水条件下周界上的水压力对滑动岩土体的影响就可用静水面以下滑动体所受的浮力来代替，这相当于水下条块重量均按浮容重计算。因此，部分浸水坡体的安全系数，其计算公式与层岩土坡完全一样，只要把坡外水位线以下岩土的容重用浮容重 γ 代替即可。另外，由于 P_1 的作用线通过圆心，根据力矩平衡条件，P_2 对圆心的力矩相互抵消。

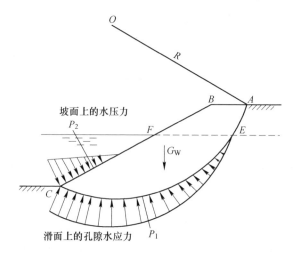

图 3-10   浸水边坡的稳定性计算

目前工程单位常用的方法是"代替法"。"代替法"就是用浸润线以下坡外水位以上所包围的孔隙水重加岩土力浮力的反作用力对滑动圆心 O 的力矩来代替渗透力对圆心 O 的滑动力矩，如图 3-11 所示。若以滑动面以上，浸润线以下的孔隙水作为隔离体，其上的作用有：

（1）滑动面上的孔隙水应力，其合力为 P_W，方向指向圆心；

（2）坡面 nC 的水压力，其合力为 P_2；

（3）nCe 范围内孔隙水重与岩土粒浮力反作用的合力 G_{W1}，垂直向下；

（4）$eABmn$ 范围内孔隙水重与岩土粒浮力的反作用的合力 G_{W2}，垂直向下，至圆心力臂为 d_W；

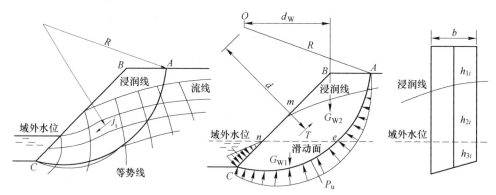

图 3-11   渗透力的求解方法

（5）岩土粒对渗流的阻力 T，至圆心力臂为 d。

在稳定渗流条件下，这些力组成一个平衡力系。现将各力按圆心取力矩，P_W 通过圆心，其力矩为零，P_2 与 G_{W1} 对圆心取矩后相互抵消，由此可得 $T_j d_j = G_{W2} d_W$。因 T_j 与渗透力的合力大小相同，方向相反，因此上式证明了渗透力对滑动圆心的力矩可用浸润线以下坡体水位以上滑弧范围内孔隙水重和岩土粒浮力的反作用力对滑动圆心的力矩来代替。

3.4.3.4　裂缝面的处理

露天采场边坡岩体存在着原生地质构造和滑裂破碎带，为了真实地反映其稳定状况，在计算中可编制计算机软件，它与滑动面搜索相配套，其特点是：

（1）岩土条重按分层计算，然后叠加；

（2）黏聚力 C 和内摩擦角 φ 按滑动面所在的岩土层位置而采用不同的数值。

图 3-12 为渗透力的求解方法。计算条块的宽度是以计算机软件按地形状况进行插值划分，但条块的宽度不大于滑弧半径的 1/10，而且相邻两条块的滑动面倾角之差不大于 8°。

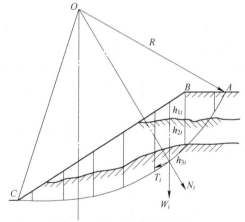

图 3-12　渗透力的求解方法

垂直张裂缝的深度根据费森科方法确定：

$$H_{90} = \frac{20}{\gamma}\tan\left(45° + \frac{\varphi}{2}\right) \tag{3-13}$$

通过现场勘察结果判断张裂缝深度，计算中垂直张裂缝可取值为 2~15 m。

3.5　边坡随机分析基本原理

3.5.1　Monte-Carlo 模拟方法

蒙特卡罗（Monte-Carlo）模拟方法又称统计实验方法或随机模拟方法，是一种以数理统计原理为基础，通过随机变量的统计实验随机模拟求解的数值方法。

设 $X = (x_1, x_2, \cdots, x_n)$ 是边坡的基本随机变量，$x_1, x_2, \cdots, x_n$ 为密度、黏聚力、摩擦系数和荷载等随机变量，它们都具有一定的分布，其统计值为已知。对于功能函数 $Z = g(X)$，应用随机抽样方法从 $X_i(i = 1, 2, \cdots, n)$ 的母体中随机地抽取一个具有相同分布的变量 $X_i'(i = 1, 2, \cdots, n)$，代入功能函数 $Z = g(X)$ 中得到一个样本 $K_i(i = 1, 2, \cdots, N)$，如此重复，直到达到预期精度的充分次数 N，就可得到 N 个相互独立的样本 $K_1, K_2, \cdots, K_n$。当功能函数用安全余量表示时，则 $Z < 0$ 表示破坏，将 N 次模拟中 $K_i < 0$ 的次数记为 n_f，则失效概率 p_f 的估计值 $\hat{p}_f$ 为：

$$\hat{p}_f = \frac{n_f}{N} \tag{3-14}$$

由波雷尔大数定理 $\lim_{N \to \infty} P\left(\left| \frac{n_f}{N} - P_f \right| < \varepsilon \right) = 1$ 可知 $\hat{p}_f$ 以概率 1 收敛于 P_f。

当功能函数用安全系数表示时，则 $Z < 1$ 表示破坏，同理可求出其破坏概率 P_f。

用蒙特卡罗模拟方法研究边坡的可靠度回避了边坡可靠度分析中的数学困难，不需要考虑极限状态曲面的复杂性、极限状态方程的非线性、变量分布的非正态性等，其方法和程序都很简单，且能得到一个相对精确的破坏概率值。蒙特卡罗模拟方法的关键在于随机样品的抽取和模拟次数的确定，其方法如下。

3.5.1.1 随机抽样

随机抽样是指用某种特定的方法产生大量的随机数，它一般分两步实现：

（1）产生伪随机数；

（2）随机变量的抽样。

对随机数的产生而言，最基本的随机变量是在 [0, 1] 上服从均匀分布的，随机变量，服从其他分布的随机变量都可以由 [0, 1] 上均匀分布的随机变量变换得到。产生 [0, 1] 上均匀分布随机数的方法有三种：物理方法、随机数表方法和数学方法。一般常用数学方法产生随机数，数学方法产生随机数是通过数学递推式运算实现的，并不是真正的随机数，只有通过有关的各种不同类型的检验才能把它们当作真正的随机数使用，因而常将数学方法产生的随机数称为伪随机数。数学方法产生伪随机数的方法包括迭代取中法、移位法和同余法。最常用的是同余法，同余法包括乘同余法、加同余法、混合同余法等。伪随机数产生后，还必须对其进行随机性检验。随机性检验包括均匀性检验、独立性（不相关性）检验、组合规律性检验和无连贯性检验。伪随机数产生后，必须将其变换为给定或已知分布的随机样本值，即进行随机变量的抽样。常用的随机抽样的方法有反函数法、舍选法和坐标变换法等。

3.5.1.2 误差估计与模拟次数估计

由于随机试验是概率为 P 的贝努利试验，所以 P_f 的期望值：

$$E(P_f) = E\left(\frac{M}{N}\right) = P \tag{3-15}$$

P_f 的方差为：

$$D(P_f) = \frac{P(1-P)}{N} \tag{3-16}$$

P_f 的标准差为：

$$\sigma_{P_f} = \sqrt{\frac{P(1-P)}{N}} \tag{3-17}$$

实际应用中 P 未知，可用计算的 P_f 作为 P 的估计值，则：

$$\hat{\sigma}_{P_f} = \sqrt{\frac{P_f(1-P_f)}{N}} \tag{3-18}$$

当试验次数 N 充分大（$N \geqslant 50$）时，由中心极限定理：

$$\frac{P_f - P}{\sigma_{P_f}} \sim N(0, 1) \tag{3-19}$$

式中，$N(0, 1)$ 为标准正态分布。

设显著水平为 α，由：

$$P\left\{\left|\frac{P_f - P}{\sigma_{P_f}}\right| \leqslant u_\alpha\right\} = 1 - \alpha \tag{3-20}$$

式中，u_α 可由下式得出：

$$\frac{1}{\sqrt{2\pi}} \int_{-u_\alpha}^{u_\alpha} e^{-u^2/2} du = 1 - \alpha \tag{3-21}$$

则显著水平为 α 的 P 的置信区间为 $[P_f - \sigma_{P_f} u_\alpha, \ P_f + \sigma_{P_f} u_\alpha]$。

设 P 与 P_f 的绝对误差为 ε，则：

$$\varepsilon = |P_f - P| \leqslant \sigma_{P_f} u_\alpha = u_\alpha \sqrt{\frac{P(1-P)}{N}} \approx u_\alpha \sqrt{\frac{P_f(1-P_f)}{N}} \tag{3-22}$$

相对误差 ε'：

$$\varepsilon' = \frac{\varepsilon}{P} = \left|\frac{P_f - P}{P}\right| \leqslant \frac{\sigma_{P_f} u_\alpha}{P} \approx u_\alpha \sqrt{\frac{1-P_f}{NP_f}} \tag{3-23}$$

绝对误差 ε 表示的模拟次数：

$$N = \frac{u_\alpha^2 P_f(1-P_f)}{\varepsilon^2} \tag{3-24}$$

相对误差 ε' 表示的模拟次数：

$$N = \frac{u_\alpha^2 P_f (1 - P_f)}{P_f (\varepsilon')^2} \qquad (3-25)$$

由上面的推导可知：随着 N 的增大，误差减小，逐渐趋于收敛；对于给定误差和置信度 $1 - \alpha$，假定 N 取某值，可确定相应的误差，如果计算出的误差小于给定的误差，则所取的 N 满足要求；否则，应加大 N 继续模拟计算，直到满足给定的精度为止。

3.5.2 罗森布鲁斯法

罗森布鲁斯（Rosenbluth）法又称统计矩法，它的基本数学工具是 E. Rosenbluth 于 1975 年提出，1981 年又进一步完善的统计矩点估计法。当各状态变量的概率分布为未知时，利用其均值和方差，有目的地选定或设计一些特殊值组成的点（常取关于每个随机变量的均值对称的两个点），用不同随机变量的点，组成的变量组代入功能函数求其值，进而计算状态函数的各阶矩，从而求得边坡的可靠指标。Rosenbluth 法对复杂不易求导或者功能函数非明确表达的边坡可靠性分析应用起来十分方便。

对于功能函数 $Z = g(X) = g(1, 2, \cdots, x)$，其 K 阶原点矩用 Rosenbluth 法表示为：

$$E(Z^k) = P_{1+} P_{2+} \cdots P_{n+} Z_{++\cdots} + \cdots + P_{1-} P_{2-} \cdots P_{n-} Z_{--\cdots} \qquad (3-26)$$

式中，$Z_{--\cdots} = g(X_{1-}, X_{2-}, \cdots, X_{n-})$；$Z_{++\cdots} = g(X_{1+}, X_{2+}, \cdots, X_{n+})$。

而 X_{i+}、X_{i-}、P_{i+}、P_{i-} 由下式计算：

$$X_{i+} = u_{i+} + \sigma_{xi} \sqrt{\frac{P_{i-}}{P_{i+}}}$$

$$X_{i-} = u_{i-} - \sigma_{xi} \sqrt{\frac{P_{i+}}{P_{i-}}} \qquad (3-27)$$

$$P_{i+} = \frac{1}{2} \left[1 - \sqrt{1 - \frac{1}{1 + (C_{sxi}/2)^2}} \right]$$

$$P_{i-} = 1 - P_{i+}$$

式中，C_{sxi} 为随机变量 X_i 的偏度系数。

设 n 个状态变量互相关，则每一组合的概率 P_j 的大小取决于变量间的相关系数 P_{ij}：

$$\rho_{ij} = \frac{1}{2^n} \left[1 + e_1 e_2 \rho_{12} + e_2 e_3 \rho_{23} + \cdots + e_{n-1} e_n \rho_{(n-i)n} \right] \qquad (3-28)$$

式中，$e_i (i = 1, 2, \cdots, n)$，当 x_i 取 X_{i+} 时，$e_i = 1$；当 x_i 取 X_{i+}、X_{i-} 时，$e_i = -1$。

则取 $2n$ 个点的 Z 的均值的点估计为：

$$u_z = \sum_{j=1}^{2n} P_j Z_j \tag{3-29}$$

如此便可推出状态函数 Z 的概论分布的各阶矩表达式:

一阶矩 M_1:

$$M_1 = E[Z] = u_z \approx \sum_{j=1}^{2n} P_j Z_j \tag{3-30}$$

二阶矩 M_2:

$$M_2 = E[(Z - u_z)^2] \approx \sum_{j=1}^{2n} P_j Z_j^2 - u_z^2 \tag{3-31}$$

三阶矩 M_3:

$$M_3 = E[(Z - u_z)^3] \approx \sum_{j=1}^{2n} P_j Z_j^3 - 3u_z \sum_{j=1}^{2n} P_j Z_j^2 + 2u_z^3 \tag{3-32}$$

四阶矩 M_4:

$$M_4 = E[(Z - u_z)^4] \approx \sum_{j=1}^{2n} P_j Z_j^4 - 4u_z M_3 - 6u_z^2 M_2 - u_z^4 \tag{3-33}$$

于是由状态函数 Z 的各阶矩可求得边坡的可靠指标 β、变异系数 δ、偏度系数 C_s 以及峰度系数 E_k:

$$\beta = \frac{M_1}{M_2^{\frac{1}{2}}}; \quad \delta = \frac{M_2^{\frac{1}{2}}}{M_1}; \quad C_s = \frac{M_3}{M_2^{\frac{3}{2}}}; \quad E_k = \frac{M_4}{M_2^2} \tag{3-34}$$

3.5.3 露天矿边坡破坏风险评估

工程的可靠性通常用可靠指标表示,对于一定工程来说,一般需要给出工程所需达到的可靠度,或者从风险角度说,它表示设计所允许的或可接受的风险水平。

风险是相对的,边坡工程可接受的风险水平是由破坏概率和破坏后果决定的,它反映决策者的风险态度,既要结合主观判断,又要考虑实际工程性质、重要程度、实际破坏的经验数据,以及所承担风险与可能得到的经济收益之间的权衡。因此,边坡工程的可靠性并不是越高越好,因为可靠性越高,需要的费用就越多。如何在安全和费用上做出合理的权衡是设计中必须考虑的问题之一,也是可靠性设计的根本问题。然而,在不同工程条件下,确定设计可靠度或可接受风险水平阈值并非是件容易事,甚至可以说,比评价风险本身还难。目前任何国家都不采纳一般性建议,因为至今还没有一个统一的标准。对于露天矿边坡而言,目前只能借鉴相关结构工程及前期的少量研究结果,确定可接受的边坡破坏概率。

我国露天矿边坡曾经开展的可靠性研究中，依据 Priest 和 Brown 的建议，对于重要边坡区段均选取 $[P_f]<0.001$ 作为可接受的破坏概率，如马鞍山矿山研究院等于 1990 年 12 月完成的"太钢尖山铁矿露天矿边坡优化设计方法"中，以 $[P_f]<0.001$（可靠指标 $\beta=2.33$）作为边坡重要区段可接受的破坏概率，马鞍山矿山研究院与北京科技大学等单位于 1996 年 12 月完成的"太钢峨口铁矿高陡边坡工程及计算机管理技术研究"以 $[P_f]<0.003$（可靠指标 $\beta=2.74$）作为边坡可接受的破坏概率。美国某大型露天铜矿边坡分析中确定的可接受破坏概率为 0.039。

3.6　数值模拟分析方法

近年来，数值方法一直在不断地发展，它渗透到科学与工程技术研究的各个主要领域。数值方法的突出优点是能够替代昂贵而又非常耗时的物理试验，对所研究的问题进行数值模拟。工程技术领域中的许多力学问题和场问题，如固体中的位移场、应力场分析、电磁学中的电磁分析、振动特性分析、热力学中的温度分析、流体力学中的流场分析等，都可以归结为在给定边界条件下求解其控制方程（常微分方程或偏微分方程）的问题。虽然人们能够得到它们的基本方程与边界条件，但是能够用解析法求解的只是少数性质比较简单和边界比较规则的问题。对于大多数的工程技术问题，由于物体的几何形状较复杂或者问题的某些特征是非线性的则很少有解析解。这类问题的解决通常有两种途径：第一，引入简化假设，将方程和边界条件简化为能够处理的问题，从而得到它在简化状态下的解。这种方法在有限的情况下是可行的，因为过多的简化将导致不正确的甚至错误的解。第二，保留问题的复杂性，利用数值模拟方法求得问题的近似解。数值模拟技术是人们在现代数学、力学理论的基础上，借助于计算机技术来获得满足工程要求的近似解。数值模拟技术（Computer-aided Engineering，CAE 技术）是现代工程仿真学发展的重要推动力之一。

对于岩土工程问题来说，岩体性态复杂且受多种地质因素的影响，用解析方法求解岩土力学问题会遇到很大的困难。岩土材料的复杂性表现在非均质、各向异性、本构关系的非线性、时间相关性和岩体构造的复杂性。岩体构造的复杂性主要是岩体的节理、裂隙、断层等，这些就使得在很多岩土工程本构关系分析中，难以使用解析法。即使采用也必须进行大量的简化，而得到的结果很难满足工程需要。对于像岩土工程这样的材料性质和边界条件都很复杂的问题，我们完全可以靠数值方法给出近似的比较令人满意的答案。

20 世纪 70 年代以来，数值方法构成了岩体力学计算方法的主要进展。在岩体工程问题中，岩体力学行为的数值模拟越来越重要，数值方法的新发展也层出不穷。然而，人们对数值方法在岩体力学问题中的应用始终未能得出一致的看法，其间包含着众多的误解。显然，只有在深入理解各种数值方法的基本原理和基本假定的基础上，才能够有希望对其进行合理评价。

目前在岩土工程技术领域内常用的数值模拟方法为有限单元法、边界元法、离散单元法、块体理论和有限差分法等。

3.6.1 强度折减法的原理

强度折减法首先对于某一给定的强度折减系数，通过式（3-35）调整材料的强度指标 c 和 φ，其中 F_s 为强度折减系数，通过弹塑性有限元数值计算确定边坡内的应力场、应变或位移，并且对应力、应变或位移的某些分布特征以及有限元计算过程中的某些数学特征进行分析，不断增大折减系数，直至根据对这些特征的分析结果表明边坡已经发生失稳破坏，将此时的折减系数定义为边坡的稳定安全系数。

$$c' = c/F_s$$
$$\varphi' = \arctan(\tan\varphi/F_s)$$
$$(3-35)$$

下面以 Mohr 应力圆中 c 项来阐述这一强度变化过程，如图 3-13 所示，在 $\sigma - \tau$ 坐标系中，有三条直线 AA、BB 及 CC，分别表示材料的实际强度包线、强度指标折减后所得到的强度包线和极限平衡，即剪切破坏时的极限强度包线，图中 Mohr 圆表示一点的实际应力状态。此时 Mohr 圆的所有部分都处于实际强度包线 AA 之内，表明该点没有发生剪切破坏。随着折减系数 F_s 的增大，Mohr 圆与强度指标折减后所得到的实际强度包线（如图中直线 BB）逐渐靠近，材料的强度逐渐得以发挥。当折减系数 F_s 增大至某一特定值时，Mohr 圆将与此时强度指标折减后所得到的实际发挥强度包线相切（如图中直线 CC），表明此时所发挥的抗

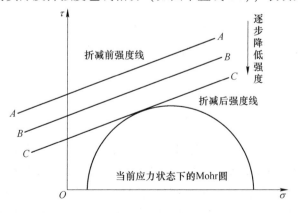

图 3-13 强度折减法原理

剪强度与实际剪应力达到临界平衡，即表明实际边坡中该点岩体在给定的安全系数 F_s 条件下达到临界极限平衡状态。因此在弹塑性有限元数值分析中应用强度折减系数概念时必须合理地评判临界状态并确定与之相应的安全系数。

通过对图 3-13 的分析不难看出，强度折减技术就是从直线 AA 到直线 CC 逐渐增加折减系数 F_s 使得强度线与 Mohr 应力圆相切的过程，刚好相切时的折减系数 F_s 就称为该点的安全系数。

3.6.2   强度折减法与安全系数

强度折减法中最重要的定义就是安全系数。目前采用的安全系数主要有三种：一是基于强度储备的安全系数，即通过降低岩土体强度来体现安全系数；二是超载储备安全系数，即通过增大荷载来体现安全系数；三是下滑力超载储备安全系数，即通过增大下滑力但不增大抗滑力来计算滑坡推力设计值。

关于强度储备安全系数 F_s，1952 年毕肖普提出了著名的适用于圆弧滑动面的"简化毕肖普法"。在这一方法中，边坡安全系数定义为：土坡某一滑裂面上抗剪强度指标按同比降低为 c/F_s 和 $\tan\varphi/F_s$，则土体将沿着此滑裂面处达到极限平衡状态，即有：

$$\tau = c' + \tan\varphi' \tag{3-36}$$

式中，$c' = c/F_s$；$\tan\varphi' = \tan\varphi/F_s$。

上述将强度指标的储备作为安全系数定义的方法有明确的物理意义。安全系数的定义根据滑动面的抗滑力（矩）与下滑力（矩）之比得到，其计算可简化为：

$$F_s = \frac{\int_0^1 (c + \sigma\tan\varphi')\,\mathrm{d}l}{\int_0^1 \tau\,\mathrm{d}l} \tag{3-37}$$

按上式计算安全系数时，尚需要考虑条间力的作用，如果不考虑条间力，则公式相当于瑞典法。将公式两边同除以 F_s 则式变为：

$$1 = \frac{\int_0^1 \left(\dfrac{c}{F_s} + \dfrac{\tan\varphi}{F_s}\right)\mathrm{d}l}{\int_0^1 \tau\,\mathrm{d}l} = \frac{\int_0^1 (c' + \sigma\tan\varphi')\,\mathrm{d}l}{\int_0^1 \tau\,\mathrm{d}l} \tag{3-38}$$

式（3-38）中左边为 1，表明当强度折减 F_s 后，坡体达到极限平衡状态。上述将强度指标的储备作为安全系数定义的方法是经过多年来的实践被国际工程界广泛承认的一种方法，这种安全系数只是降低抗滑力，而不改变下滑力。同时，用强度折减法也比较符合工程实际情况，许多边坡破坏的发生常常是由外界因素引起岩土体强度降低而导致岩土体滑坡。

按照传统的计算方法采用目前国际上使用的强度储备安全系数是较合理的，也符合边坡受损破坏的实际情况，所以建议一般情况下采用强度储备安全系数作为边坡的安全系数。

3.6.3 破坏失稳标准的定义

强度折减法思路清晰，原理简单，用于边坡的稳定分析有其独特优点，安全系数可以直接得出，不需要事先假设滑动面的形式和位置。然而，该方法的关键问题是临界破坏状态的确定，即如何定义失稳判据。目前判断边坡发生失稳通常有三个依据：

（1）根据计算所得到域内某一部位的位移与折减系数之间关系的变化特征确定失稳状态。宋二祥等采用坡顶位移折减系数关系曲线的水平段作为失稳判据，当折减系数增大到某一特定值时，坡顶位移突然迅速增大，则认为边坡发生失稳。

（2）根据有限元解的收敛性确定失稳状态，即在给定的非线性迭代次数限值条件下，最大位移或不平衡力的残差值不能满足所要求的收敛条件，则认为边坡岩体在所给定的强度折减系数下失稳破坏。

（3）通过分析域内广义剪应变或者广义塑性应变等某些物理量的变化和分布来判断，如当域内某一幅值的广义剪应变或者塑性应变区域连通时，则判断边坡发生破坏。

郑颖人院士对边坡失稳的判据进行了总结，认为通过有限元强度折减，使边坡达到破坏状态时，滑动面上的位移将产生突变，产生很大的并且无限制的塑性流动，有限元程序无法从有限元方程组中找到一个既能满足静力平衡，又能满足应力-应变关系和强度准则的解，此时，不管是从力的收敛标准，还是从位移的收敛标准来判断，有限元计算都不收敛。因此，可以将滑面上节点的塑性应变或者位移出现突变作为边坡整体失稳的标志，以有限元静力平衡方程组是否有解、有限元计算是否收敛作为边坡失稳的判据。同时，郑颖人院士指出：边坡塑性区从坡脚到坡顶贯通并不一定意味着边坡整体破坏，塑性区贯通是破坏的必要条件，但不是充分条件，还要看是否产生很大的且无限发展的塑性变形和位移。

3.6.4 屈服准则和计算软件

屈服准则描述了不同应力状态下材料某点进入塑性状态，并使塑性变形继续发展所必须满足的条件。Mohr-Coulomb 准则是目前岩土力学研究中应用最为广泛的屈服准则，其表达式为：

$$f = \frac{I_1 \sin\varphi}{3} - c\cos\varphi + \sqrt{J_2}\left(\cos\theta_0 + \frac{\sin\theta_0\sin\varphi}{\sqrt{3}}\right) = 0 \qquad (3\text{-}39)$$

式中，I_1 和 J_2 为应力张量第一不变量和应力偏量第二不变量；θ_0 为应力罗德（Lode）角；φ 为内摩擦角。

由于岩土工程强度折减计算中难免会遇到大变形和计算不收敛的情形，有限差分软件 FLAC 采用动态松弛方法，应用质点运动方程求解，通过阻尼使系统运动衰减至平衡状态，可以较好地处理大变形、计算不收敛等问题。同时，FLAC 中的 Mohr-Coulomb 准则考虑拉伸截断（Tension Cut-off），适用于求解复杂的边坡整体安全系数问题。

4 软弱夹层位置确定与端帮煤安全回采措施

岩土边坡的失稳破坏是露天矿建设生产过程中经常遇到的问题，也是制约露天矿高产高效发展的关键因素。露天矿发生滑坡前边坡体内部会形成一个或多个潜在滑移面，潜在滑移面是边坡发生滑坡的临界面，潜在滑移面的识别对于边坡滑移机理研究与防滑措施的制定具有重要的意义。露天煤矿边坡岩体大都为沉积岩，边坡体中一般包含控制边坡稳定性的软弱夹层，含软弱夹层边坡的潜在滑移面大都由软弱夹层及其上部破坏面组成，软弱夹层位置的确定是潜在滑移面识别的关键。关键单元是边坡潜在滑移面上首先发生破坏或对潜在滑移面的演化起重要作用的单元，关键单元的破坏将导致边坡体内部裂纹的扩展和贯通，最终造成边坡的失稳滑塌。因此，研究关键单元确定方法与动态破断路径对于边坡支护方案的制定意义重大。本章以实际矿山为工程背景，首先采用现场监测与数值模拟的手段，确定边坡潜在滑移面位置，接着提出一种边坡体潜在滑移面关键单元识别及其动态破断路径的判断方法，评价了边坡稳定性，并提出保证端帮煤安全回采的合理措施，分析了坡顶裂缝产生原因及含弱层边坡失稳破坏模式，探讨了软弱夹层特性对边坡稳定性影响程度，研究成果对于类似边坡稳定性预测预判与防护具有重要的借鉴意义。

4.1 露天矿工程背景

4.1.1 工程地质

勘探区内主要有大面积分布的第四系、新近系及侏罗系地层。

（1）松散岩组（A）。本区广泛分布，为冲积、洪积、砾石层，厚度 0.85～33.98 m。无胶结，散体结构，结构体呈颗粒碎屑状，遇水塌陷、地基沉降，边坡坍塌位移，属极不稳固型。

（2）风化岩组（B）。新近系上新统葡萄沟组及中新统桃树园组在勘探区中部及北部大面积出露，为河流相土黄色粉红色泥岩、砂质泥岩、砂岩互层，底部以一层灰色钙质砾岩与下伏地层侏罗系、石炭系等地层呈超覆不整合接触，厚度4.26～188.80 m。该地层均已受到不同程度的风化，使岩石结构松散，除泥岩结构构造已不清楚，其他岩石结构未发生改变。散体结构，以Ⅱ、Ⅲ级结构面为主，结构面多为泥膜、碎屑和泥质物充填。结构体形态为组合板状体或薄板状体，近松散介质，具塑性特征，易发生压缩沉降、塑性挤出、鼓胀等，属极不稳固型。

侏罗系浅部风化层，风化深度一般为30~50 m。岩石完整程度遭受破坏，成碎块状、薄饼状及短柱状，近散体结构（Ⅳ），风化裂隙较发育，一般岩石结构未发生改变。经风化后岩石力学性质有所降低，略低于新鲜岩石，属不稳固型。工程地质勘探类型为三类二型。

（3）无煤岩组（C）。未风化的侏罗系中统头屯河组地层为无煤岩组，该岩组不含煤。为碎裂结构（Ⅲ），Ⅱ、Ⅲ、Ⅳ级结构面均发育，彼此交切的结构面多被充填，或为泥夹碎屑，或为泥膜。结构面光滑度不等，形态不一。结构体形态为碎屑和大小不等、形态不同的岩块。易形成小型岩层滑动，易软化泥化。结构面摩擦系数一般为0.20~0.40。岩石的机械强度低于同类岩石的正常范围，属不稳固型。

（4）含煤岩组（D）。该组为未风化的西山窑组赋煤地层，以灰绿色砾岩、粗砂岩、灰黑色炭质泥岩为主，泥质或粉砂质胶结。岩石为薄层或中厚层状结构，结构体呈块状、楔状。Ⅳ、Ⅴ级结构面为主，结构面摩擦系数一般小于0.20。基本为软质岩石，易软化、坍塌、滑移、压缩变形均可产生。

4.1.2 揭露岩体现场测绘

4.1.2.1 地表情况

随着露天矿采掘工程的推进，露天矿山南北帮地表及边坡平盘出现不同程度开裂缝，裂缝从产生至今有明显变宽趋势，部分裂缝已延伸至+508 m坡面，形成贯通趋势。地表裂缝是下部岩体蠕动变形的外在表现。边坡勘察过程中对地表及各平盘裂缝进行标定，布设位移监测点位，后续定期对裂缝区域重点巡查。现场裂缝情况如图4-1和图4-2所示。

4.1.2.2 +508 m~地表坡面

+508 m坡面是露天矿采掘工程形成的第一个坡面，坡面高度约为8 m，第四系厚度1~4 m不等，现场观察第四系多由粗砂、中砂、砂砾组成，胶结差，风化严重，坡面多处出现小的滑塌现象。坡面整体风化严重，裂隙发育，+508 m平台散落大块较多。现场情况如图4-3和图4-4所示。

4.1.2.3 +496~+508 m坡面

+496~+508 m台阶高度12 m，根据边坡揭露情况，+496~+508 m南北两坡面为砂岩、泥岩互层，未见含煤地层。坡面整体较为平整，无明显缺损，未见明显崩落、垮塌现象。揭露岩体结构面发育，坡面浮石较多。+496 m平台为原运

图 4-1 南帮地表开裂缝

图 4-2 北帮地表贯穿+508 m 坡面裂缝

图 4-3 北帮+508 m 坡面

图 4-4 南帮+508 m 坡面 (局部滑塌区)

输平盘,平台平整,无松散堆积土堆、人为占用。北帮+496 m 平台出现裂缝,裂缝两侧位移监测数据表明,裂缝有变宽趋势,截至 2016 年 1 月 10 日,累计最大位移为 10.3 cm。南北帮+496~+508 m 坡面如图 4-5 所示,北帮+496 m 平台开裂缝如图 4-6 所示。

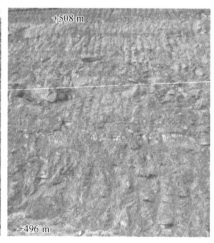

图 4-5 南北帮+496~+508 m 坡面

4.1.2.4 +484~+496 m 坡面

根据边坡揭露情况,+484 m 台阶主要为含煤台阶,+496 m 平台下部 70 cm 为泥岩及炭质泥岩,下部为煤矸互层,中间夹有泥岩。上部岩体外凸形成伞岩,现场所取岩块刀能刮动,手感滑腻。煤层面风化严重,且内部有自燃可能,目前已做防灭火处理。北帮+484~+496 m 坡面如图 4-7 所示。

图 4-6 北帮 +496 m 平台开裂缝

图 4-7 北帮 +484~+496 m 坡面

南帮 +484~+496 m 坡面中间夹有一煤矸层，上下为泥岩、砂岩互层，岩体结构较破碎，+484 m 平台上部掉落大块较多。岩层层理结构明显，风化较严重，局部存在垮塌区域。南帮 +484~+496 m 坡面如图 4-8 所示。

图 4-8 南帮+484~+496 m 坡面

4.1.2.5 +472~+484 m 坡面

北帮+472~+484 m 坡面为含煤台阶，已揭露部分为防止煤层自燃已做防灭火处理，具体地层情况根据钻孔记录判断。

南帮+472~+484 m 坡面为岩石台阶，最上部见一层薄煤，其余为砂岩、泥岩互层，中间部位夹一层砂砾岩。坡面整体较平整，节理裂隙中等发育，浮石较少，下部掉落大块少，如图 4-9 所示。

图 4-9 南帮+472~+484 m 照片

4.1.3 边坡地层岩性

揭露岩体的现场测绘、写实是对已揭露坡面的宏观情况进行描绘，各地层岩性及软弱层应根据钻探取芯确定。根据勘察取芯情况，地层整体来说呈北高南低发育，南帮为反倾坡面，北帮为顺倾坡面。

露天煤矿南帮地层自上而下由第四系和白垩系组成，依次描述如下：

1 层松软土：新生界第四系，土黄色，难成芯。

2 层泥岩砂岩互层：泥岩多为灰白色，取芯呈短柱状，中等风化，裂隙较发育，硬度较好；砂岩多为泥质粉砂岩、中砂岩，泥质粉砂岩为泥质胶结，取芯呈短柱状，岩体结构较破碎，中砂岩颜色土黄，胶结程度差，刀能切开，硬度较差。

3 层煤矸：黑色，湿，弱沥青光泽，木质结构，质轻，层理呈蒲片状，裂隙发育，易破裂。

4 层泥质砂岩：取芯呈柱状、长柱状，灰色，灰黑色，泥质胶结，中间夹有黑色植物化石，岩体结构较完整，硬度好。

5 层煤矸：黑色，湿，弱沥青光泽，木质结构，质轻，层理呈蒲片状，裂隙发育，易破裂。

6 层泥岩：灰色、深灰色，取芯呈柱状、短柱状，刮面光滑，刀切不动，硬度较好。

7 层砂岩泥岩互层：以粗砂岩、砾岩为主，粗砂岩，呈灰色，胶结差，刀能切开，强度低，小块手能碾碎，砂砾岩中颗粒大小不等，硬度大，取芯困难，呈硬块状。

8 层泥岩：取芯呈柱状、短柱状，灰色，硬度较好，刮面光滑，风干后开裂，参差状断口。

9 层 7 号煤矸：黑色，煤层片状，节理发育，取芯破碎，难成柱状；矸石，黑色，取芯呈块状，硬度大。

10 层泥岩：灰色，局部夹有砂质成分，取芯呈短柱状，长时间浸泡呈软泥状态。

11 层砂砾岩：灰色，灰白色，硬度大，钻机钻进困难，钻进过程中伴有咔咔声。

12 层 10 号煤矸：黑色，煤层片状，取样破碎，风干后呈片状脱落。矸石硬度大，取样呈碎块状。

13 层泥岩：深灰色，取芯呈柱状，岩体结构较好，中等风化，刮面光滑，裂隙较发育，易折断。

14 层砂岩泥岩互层：主要为细砂岩与泥岩互层，砂岩为泥质胶结，灰色，胶结度好，刀刮不易；泥岩呈深灰色，中间夹有煤线，取芯呈柱状，岩体结构较好。

15 层煤：黑色，厚度薄，取芯困难。

16 层砂岩泥岩互层：泥岩呈深灰色，取芯柱状，结构完整，刮面光滑，硬度较好；砂岩主要为中砂岩与粗砂岩，局部伴有砂砾岩，粗砂岩胶结度差，刀能切开，强度低。

17 层煤：黑色，厚度薄，取芯破碎。

露天煤矿北帮地层自上而下由第四系和白垩系组成，依次描述如下：

1 层细砂，中粗砂：第四系风积沙，取芯层散沙状，黄色，颗粒粗细不等。

2 层泥质砂岩：灰白色，泥质胶结，手捏呈粉状，较软，取芯不完整，岩体结构较破碎。

3 层煤：黑色，较软，泥质成分高，取芯破碎，手捏成团。

4 层泥岩砂岩互层：泥岩深灰色，取芯呈柱状，岩体结构较好，砂岩呈灰色、灰褐色，取芯呈柱状，岩体结构较完整。

5 层泥岩：深灰色，褐黄色，刮面光滑，刀切不动，硬度较好。

6 层 7 号煤：黑色，煤层片状，节理发育，取芯破碎，难成柱状；矸石，黑色，取芯呈块状，硬度大。

8 层泥岩：灰色，取芯呈柱状、短柱状，裂隙较发育，刮面光滑。

9 层砂岩、砂砾岩：砂岩层胶结较差，刀能切开，切面粗糙，手捏呈粉砂状；砂砾岩硬度大，钻进困难，取芯呈硬块状。

10 层 10 号煤：黑色，煤层片状，节理发育，取芯破碎，难成柱状；矸石，黑色，取芯呈块状，硬度大。

11 层泥岩：灰色、灰黑色，短柱状，中间夹有植物化石，断面处光滑。

12 层炭质泥岩：面光滑，灰色，取芯呈短柱状、柱状。

13 层泥岩砂岩互层：砂岩呈灰色、灰白色，取芯呈柱状，长柱状，岩体结构较好，硬度好；泥岩灰黑色，中间夹有煤片，硬度较好，岩体结构较完整。

14 层煤矸：泥岩砂岩层，中间夹有多层煤，厚度 0.4~3.2 m 不等。

4.1.4 边坡水文地质条件

4.1.4.1 含（隔）水层（段）的划分

勘探区内地层主要由第四系松散岩类、新近系及侏罗系沉积碎屑岩类组成，主要以岩性组合特征、地层富水性作为含（隔）水层（段）的划分依据。

沉积碎屑岩的各类岩石，其单层厚度沿走向方向的变化较大，可由几厘米变化到数米，尤其以砂岩最为明显，沿走向、倾向变化极大，因此只能以较大的岩性段划分含（隔）水层（段）。

通过钻孔简易水文地质观测，当钻进到粗砂岩、砾岩段时，孔内出现水位变化或冲洗液漏失，说明此类岩石的孔隙率较大，裂隙较发育且不易闭合，透水、含水性较好，划分为含水层（段），而钻孔进入至泥岩等细颗粒岩段时，孔内水位变化不大或冲洗液不发生变化，将泥岩等细颗粒岩石划分为相对隔水层（段）。

据勘探区内各钻孔钻探资料，地层岩性主要由浅灰色、褐色、灰色泥质粉砂岩、粉砂质泥岩、泥岩夹细砂岩组成，含水层与隔水层以互层的形式组成。其中隔水层岩性主要以泥岩、泥质粉砂岩为主，而含水层岩性主要以粗砂岩、砾岩为主。

该区是以裂隙充水为主的煤矿床，通过该阶段对区内主要可采煤层实际控制的情况，判断新近系上新统葡萄沟组、侏罗系中统头屯河组地层为间接充水含水层，侏罗系西山窑组地层为直接充水含水层。

4.1.4.2　含（隔）水层（段）特征

（1）第四系透水不含水层（Ⅰ），该区广泛分布，为冲积、洪积、风积层及盐碱沼泽沉积层。岩性主要为黄土、砂质黏土、砾石、细砂、砂砾层、风成砂土、盐碱砂质黏土，与下伏地层不整合接触，厚度为 0.85～33.98 m，平均厚度为 9.10 m。这些松散沉积物虽透水性较好，但不具储水条件，为透水不含水层。

（2）新近系上新统葡萄沟组弱富水含水层（Ⅱ），为河流相土灰黄色、浅红色泥岩、粉砂质泥岩、泥质粉砂岩互层，底部以砾岩、砂砾岩与下伏地层侏罗系、石炭系等地层呈超覆不整合接触。控制厚度为 4.26～188.80 m，平均为 53.75 m。通过简易水文观测成果可知，钻进至该地层时，孔中水位几乎没有变化，泥浆消耗量也很少甚至没有消耗。

（3）侏罗系中统头屯河组裂隙孔隙弱含水层（Ⅲ），上部褐黄色砾岩，紫红色砾岩，泥岩互层；下部为杂色泥岩、泥质粉砂岩互层，夹中细砂岩，底部夹灰白色泥灰岩，与下伏地层整合接触。

（4）侏罗系中统西山窑组裂隙孔隙弱含水层（Ⅳ），主要由灰绿色、褐黄色、深灰色泥岩、粉砂岩、粗砂岩、砾岩及煤层不均匀互层，为区域的主要含煤地层，地表局部零星出露。

4.1.4.3　地下水与地表水及各含水层间的水力联系

勘探区无常年流动的地表水体，也未见有泉水出露，大气降水、雪融水所形成的暂时性地表水流，在顺地形坡度或冲沟向下游宣泄的同时，可通过地表风化、构造裂隙补给地下水，形成赋煤地层的微承压水。由于暂时性地表水流通过时，时间短，速度快，对地下水的补给主要表现在瞬间补给。因此，两者之间的水力联系不甚密切。

勘探区内存在新近系上新统葡萄沟组弱含水层（Ⅱ）、侏罗系中统头屯河组弱含水层（Ⅲ）、侏罗系中统西山窑组弱含水层（Ⅳ），均为层间承压水，基本无水力联系。当隔水顶板或底板岩性变化或构造变动，并使它们之间连通时，含水层承压水位高的补给低的，不论其含水层埋藏的位置高低，两者之间在一定条件下通过这种形式而发生相应的水力联系。

4.1.4.4　地下水补给、径流与排泄

勘探区地处戈壁，无常年地表水流，地下水的补给主要源于大气降水或冰（雪）融水，并经地下沿地层长途运移后而形成。也有部分暂时性地表洪流可通过地表岩石风化裂隙、构造裂隙、岩石孔隙或其他途径顺地层渗入地下，形成地下微承压水。由于侏罗系地层主要以泥岩、粉砂岩、泥质粉砂岩为主，夹少量的砂岩及较厚的煤层，裂隙不甚发育，故岩层透水性和富水性都较弱，地下水径流不畅，交替滞缓。

勘探区未见地下水的天然露头，地下水沿水力坡度顺势向下游或向深部运移是地下水的排泄方式之一，蒸发、蒸腾及未来矿井的疏干排水也是地下水的排泄方式之一。

4.1.4.5　矿床主要充水因素

根据区域水文地质条件、勘探区水文地质条件以及矿床在区内的分布情况，对可能影响矿床充水的主要因素分述如下：

（1）地层含水性。勘探区地层其岩性主要以泥岩、泥质粉砂岩、粉砂质泥岩等细颗粒状的岩性为主，局部夹有粗砂岩、砾岩及煤层。各煤层主要接受新近系葡萄沟组、中侏罗统头屯河组地层的间接充水，接受西山窑组地层的直接充水。

（2）构造。勘探区位于吐鲁番—哈密山间拗陷东部大南湖次级拗陷内，区内构造形态整体为走向北东向，倾向南东的复式向斜形态，倾角较缓，一般为3°～15°。

未发现大的断层，构造属简单类型。构造裂隙水对矿床冲水不利。

（3）大气降水及暂时性地表水流。勘探区及周边无常年性地表水，该地区降雨少，雨量不大，但比较集中，当进入雨季时，大暴雨易形成地表洪流。暂时性地表水流具有时间短、流量大的特点。

4.1.5　生产情况

露天矿可采煤层为7号煤、10号煤两层，采用单斗卡车工艺，地表标高约为+518 m，目前降深至标高+453 m。露天矿采用并段开采，两个台阶为一个并段，运输平盘宽度为30 m，安全平盘宽度为5 m，单台阶高度为12 m，角度为65°。露天矿北端帮生产现状剖面图如图4-10所示。

4.1.6　地表裂缝

自然或人工边坡的滑坡变形破坏是一个渐进过程，滑坡的发生总是伴随着裂

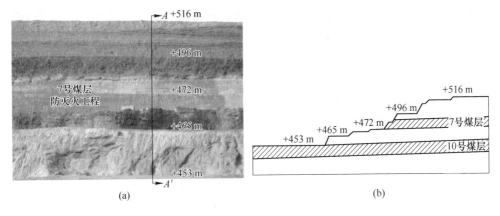

图 4-10　北端帮生产现状剖面图

（a）北坡；（b）A—A′剖面

缝的起裂、扩展，地表裂缝的产生是边坡岩体移动、能量释放的宏观外在表现，多数情况下也将地表裂缝的出现视为边坡滑坡的前兆。受爆破振动、坡体变形及体内裂缝、胀缩性等的影响，露天煤矿北端帮地表出现数条平行于边坡走向的宏观裂缝，裂缝宽度为 3~40 cm 不等，裂缝深度为 2~50 cm 不等。裂缝的平面位置及现场照片如图 4-11 所示。裂缝的存在将改变边坡的滑移形态，如遇降水，则会加剧边坡的破坏，主要表现为两个方面，一是雨水沿裂缝渗入边坡岩体内部，降低岩体的强度；另一方面雨水的存在向滑体提供一个水压力，增加了下滑力，促进边坡的破坏。

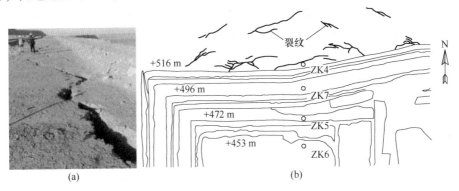

图 4-11　地表裂缝位置图

（a）现场图；（b）裂纹分布

4.2　边坡岩体变形监测与分析

露天矿地质条件的复杂性、边坡影响因素的多样性决定了边坡监测是保证露天矿安全生产的不可或缺的手段。目前露天矿边坡常用的监测方案主要包括边坡体表面变形监测与边坡体内部应力、变形、损伤监测两种[63]。例如，苗胜军等对水厂铁矿边坡进行 GPS 变形监测，采用玫瑰花图分析了边坡的稳定性，认为 GPS 监测能够达到矿山边坡对监测精度的要求[64]。刘善军等认为岩石在损伤破坏过程中伴随有红外辐射的变化，并对遥感-岩石力学在矿山边坡监测的可能性进行了分析[65]。Atzeni 等结合监测实例对比分析了 GB-InSAR 监测比传统监测手段的优越性，认为 GB-InSAR 监测得到广泛应用的前提是其能够在大范围和几乎任何天气条件下以亚毫米精度快速测量边坡体的变形[66]。Li 等提出了一种将监测参数与物理分析相结合的边坡稳定性评价方法，首先利用观测资料对边坡的强度和荷载参数进行反分析，然后利用更新后的基本参数计算边坡的安全系数或破坏概率[67]。朱万成等采用微震监测系统、GPS、测量机器人、钻孔电视、InSAR、红外等监测手段对大孤山露天矿边坡开展了联合监测，验证了所建现场监测与数值模拟相结合的矿山预测预警系统的合理性[68-69]。综上所述，随着科技的进步，监测设备的更新换代，边坡监测领域已取得了丰硕的研究成果。因此，本节在前人研究的基础上，通过对边坡位移监测数据的分析找到控制边坡稳定的软弱夹层位置，结合数值模拟手段给出边坡潜在滑移面，从而实现边坡体潜在滑移面关键单元的判定识别。

4.2.1 位移监测方案

利用 HCX-5 型智能数显测斜仪对露天煤矿北帮边坡岩体内部变形进行监测。

考虑监测需求，该监测现场共布置 4 个测斜孔，各测斜孔平面位置如图 4-12 (b) 所示，测斜孔开孔标高、深度等详细信息见表 4-1。

表 4-1 测斜孔信息表

编号	测斜深度/m	X	Y	Z
ZK4	59.5	526569.8562	4689852.9321	516.0350
ZK7	75	526569.0769	4689809.2698	496.6530
ZK5	78.5	526569.6983	4689755.0540	472.2880
ZK6	52.5	526569.9329	4689704.1253	453.3250

现场通过滑动式测斜仪监测边坡体内部位移，主要监测步骤如下：

（1）测斜孔钻进（图 4-12 (b)），首先钻取安设测斜管路的钻孔，钻孔直径略大于测斜管管径，钻孔直径 120 mm，采用 DPP-100 汽车钻机钻进，钻进过程中不断接长钻杆直至预定深度。钻进过程中同时取芯，取芯率不低于 90%，岩芯密封装箱，开展室内试验，获取岩体力学参数。

（2）安装测斜管（图 4-12 (c)），钻孔达到设定深度后进行泥浆洗孔，准备安装测斜管。测斜管为每根长 2 m 的 PVC 塑料管，两端有接头，顺次连接逐段下放。下放过程中如遇浮力太大难以下放情况时，可向测斜管中注入清水，便可顺利下放至孔底。测斜管下放至孔底后用细沙填充测斜管与孔壁之间的缝隙，填充速度应缓慢、均匀，保证填充密实。

（3）初始位移测量（图 4-12（d）），测斜管埋设工作结束后，静置 3 d，进行初始位移的测量，每孔测量 3 次，求平均值作为各孔的初始位移值。

（4）位移监测，初始位移值获得后开始正常监测，各测斜孔每隔 2 d 监测一次，监测周期 4 个月。测试过程中上提探头应匀速稳定，由孔底向上每隔 0.5 m 监测一次，每次读数前应静止 30 s。

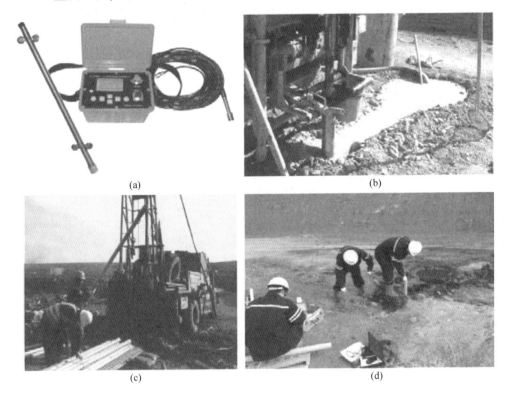

（a）   （b）

（c）   （d）

图 4-12 测斜监测施工与测量
（a）HCX-5 滑动测斜仪；（b）钻孔施工；（c）安装测斜管；（d）现场监测

4.2.2 边坡岩体变形规律分析

根据上述测斜监测方案，开展正常的边坡变形监测。位移监测过程中每孔每次测量两组位移值，求平均值后记为此次监测位移值，每次监测所得位移值减去初始位移值即为此次位移相对变化量，各次位移变化量相互比较可得位移变化速率，通过对比分析位移相对变化量、变化速度判断边坡岩体移动破坏程度，找到控制边坡滑移破坏的关键层位，结合数值模拟手段可有针对性地开展边坡稳定性预测、边坡支护措施研究，保障露天矿安全生产。

根据各测斜孔监测数据，绘制孔深-相对位移曲线，由于每个监测孔数据较多，且每个监测孔不同日期监测数据规律基本一致，分析时每孔随机选取几次数据来说明问题。各测斜孔相对位移曲线如图4-13所示。

ZK4测斜孔位于+516 m平台，测斜深度为59.5 m，由图4-13（a）可知，整个位移监测段并未见明显的位移突变值，相对位移量由孔底向孔口呈整体逐渐增加趋势，每条位移值曲线间距不大，说明每次测得的位移变化量不大，最大相对位移量约为20 mm。图4-13（a）中相对位移量变化规律表明整个测斜深度处于滑动体内部，测斜孔深度并未达到控制边坡滑移的关键层位，各深度点的位移量只受滑动体的移动发生变化。

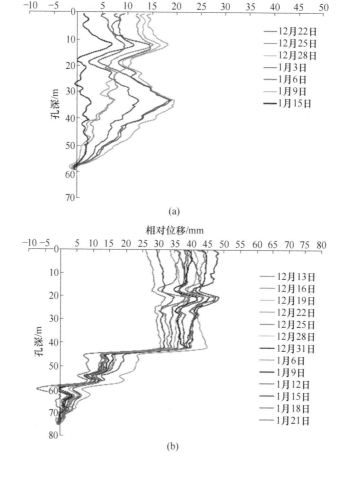

(a)

(b)

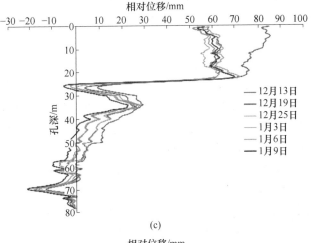

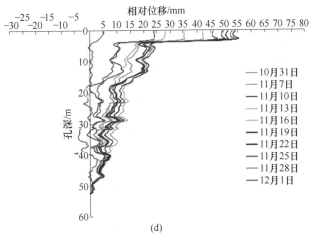

图 4-13 各孔相对位移

(a) ZK4；(b) ZK7；(c) ZK5；(d) ZK6

ZK7 测斜孔位于+496 m 平台，测斜深度为 75 m，由图 4-13（b）可知，各次测量中，相对位移值最大为 50 mm，大于其上部 ZK4 测斜孔，表明处于滑移体中部的 ZK7 孔扰动变形量大于滑移体上部的 ZK4 孔。ZK7 孔在深度 42 m 左右时，每次测量所得位移值相对于初始值均发生突变，表明此处岩体位移变化量较大，为控制边坡滑动的关键层。每次测量所得位移值之间对比可知位移变化量并不大，变化范围在 20 mm 以内，且随着时间的增加，位移值并未表现出持续增长的趋势。

ZK5 测斜孔位于+472 m 平台，测斜深度为 78.5 m，由图 4-13（c）可知，ZK5 测斜孔最大位移变化量为 85 mm，大于上部的 ZK7、ZK4 测斜孔位移值。监测深度 21 m 左右时，每次测得的相对位移值均发生突变，表明此处为控制边坡滑移的关键层位。所测相对位移曲线均相距较近，表明测量期间岩体位移变化量不大，在 40 mm 以内，且每次位移测量值并不是随时间增加而持续增长，表现出振荡变化。

ZK6 测斜孔位于+453 m 平台，监测深度为 52.5 m，由图 4-13（d）可知，ZK6 孔监测数值的变化规律与 ZK7、ZK5 类似，最大相对位移值为 55 mm，小于ZK5 所测数值。监测深度 3.0 m 时，各曲线相对位移值均发生突变，岩体在此处发生过较大错动，为控制边坡滑移的关键层位。所测相对位移曲线均相距较近，各次位移测量值也表现出振荡变化规律。

为更加直观地观测不同测斜深度各测斜孔位移变化关系，利用 AutoCAD 软件绘制各监测孔的位移变化量曲线，根据监测点位置信息，将位移变化量曲线与监测区域剖面图合并，如图 4-14 所示。由图 4-14 可明显地看出，ZK5、ZK6、ZK7 三个测试孔所测得的相对位值均在 10 号煤层顶板附近发生突变，相对滑动造成此层强度降低为残余强度，此层对外界扰动的反映也最为敏感，边坡一旦发生滑坡，在此形成剪切滑移面的可能性很大[70]。钻孔取芯时砂砾岩层与煤层之间存在岩芯缺失现象，有灰黑色碎块，判断在砂砾岩与 10 号煤层间存在一层炭质泥岩。砂砾岩裂隙较为发育，为透水性岩层，其下部的炭质泥岩遇水后软化，强度降低，有形成弱层的可能性。因此，将 10 号煤层顶板附近范围内定义为决定边坡稳定性的软弱夹层，确定边坡潜在滑移面为 10 号煤层顶板。

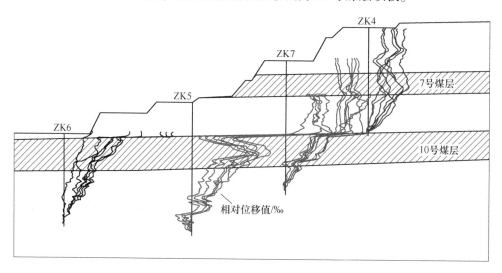

图 4-14　边坡体内弱层位置标定

彩图
请扫码

4.3　边坡关键单元识别方法与路径分析

滑坡灾害发生之前，边坡内部会产生一个或多个剪应变增量集中区域，即边坡失稳的潜在滑移面，潜在滑移面是边坡体内部稳定体与滑体的连接面，是边坡滑移机理研究与防治措施制定的重点分析对象。潜在滑移面由入口至出口贯穿边坡体不同岩层，岩层位置不同、岩性不同、应力环境不同对潜在滑移面力学特性的影响不同，即潜在滑移面上关键单元破断对边坡稳定性影响效果不同，存在一破断路径问题。因此，潜在滑移位置的确定与关键单元动态破断路径的识别对于边坡失稳机理的分析与防护措施的制定具有重要的理论与实践意义。本节在现场监测数据分析确定软弱夹层位置的基础上，借助于岩土工程领域常用软件 FLAC3D 进行数值分析，确定出边坡潜在滑移面位置，并给出考虑软弱夹层影响的关键单元的动态破断路径。

4.3.1 数值计算软件介绍

4.3.1.1 FLAC3D 工程分析软件特点

FLAC3D 是由美国 Itasca 公司为地质工程应用而开发的连续介质显式有限差分计算机软件。FLAC 即 Fast Lagrangian Analysis of Continua 的缩写。该软件主要适用于模拟计算岩土体材料的力学行为及岩土材料达到屈服极限后产生的塑性流动，对大变形情况应用效果更好。图 4-15 为 FLAC3D 分析的基本组成部分。

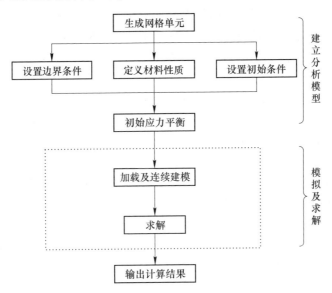

图 4-15 FLAC3D 分析的基本组成部分

FLAC3D 程序在数学上采用的是快速拉格朗日方法，基于显式差分来获得模型全部运动方程和本构方程的步长解，其本构方程由基本应力应变定义及胡克定律导出，运动平衡方程则直接应用了柯西运动方程，该方程由牛顿运动定律导出。

　　计算模型一般是由若干不同形状的三维单元体组成，即剖分的空间单元网络区，计算中又将每个单元体进一步划分成由四个节点构成的四面体，四面体的应力应变只通过四个节点向其他四面体传递，进而传递到其他单元体。当对某一节点施加荷载后，在某一个微小的时间段内，作用于该点的荷载只对周围的若干节点（相邻节点）有影响。利用运动方程，根据单元节点的速度变化和时间，可计算出单元之间的相对位移，进而求出单元应变，再利用单元模型的本构方程，可求出单元应力。在计算应变过程中，利用高斯积分理论，将三维问题转化为二维问题而使其简单化。在运动方程中，还充分考虑了岩土体所具有的黏滞性，将其视作阻尼附加于方程中。

　　FLAC3D 具有一个功能强大的网格生成器，有 12 种基本形状的单元体可供选择，利用这 12 种基本单元体，几乎可以构成任何形状的空间立体模型。FLAC3D 主要是为地质工程应用而开发的岩土体力学数值评价计算程序，自身设计有 9 种材料本构模型：

　　（1）空模型（Null Model）。

　　（2）弹性各向同性材料模型（Elastic，Isotropic Model）。

　　（3）弹性各向异性材料模型（Elastic，Anisotropic Model）。

　　（4）德拉克-普拉格弹塑性材料模型（Drucker-Prager Model）。

　　（5）莫尔-库仑弹塑性材料模型（Mohr-Coulomb Model）。

　　（6）应变硬化、软化弹塑性材料模型（Strain-Hardening/Softening Mohr-Coulomb Model）。

　　（7）多节理裂隙材料模型（Ubiquitous-Joint Model）。

　　（8）双曲型应变硬化、软化多节理裂隙材料模型（Bilinear Strain-Hardening/Softening，Ubiquitous-Joint Model）。

　　（9）修正的 Cam 黏土材料模型（Modified Cam-clay Model）。

　　除上述本构模型之外，FLAC3D 还可进行动力学问题、水力学问题、热力学问题等的数值模拟。在边界条件及初始条件的考虑上，FLAC3D 软件十分灵活方便，可在数值计算过程中随时调整边界条件和初始条件。

　　FLAC3D 具有强大的后处理功能，用户可以直接在屏幕上绘制或以文件形式创建或输出打印多种形式的图形、文字，用户还可根据各自的需要，将若干个变量合并在同一幅图形中进行研究分析。

　　FLAC3D 软件还可对各种开挖工程或施加支护工程等进行数值仿真模拟，软件自身设计有锚杆、锚索、衬砌、支架等结构元素，可以直接模拟这些支护与围岩（土）体的相互作用。

　　FLAC3D 拥有可以自行设计的 FISH 语言，用户可根据自身需求，自己设计材料的本构模型、屈服准则、支护方案、复杂形状的开挖方式等工作。特别注意的是，岩石是一种脆性材料，当外荷载达到岩石强度后，材料发生断裂破坏，产生弱化现象，应属于弹塑性体。在 FLAC3D 中，一般对于弹塑性材料，判断其破坏与否的基本准则有两个，即 Drucker-Prager 准则和 Mohr-Coulomb 准则。根据室内岩石力学性质试验结果，其典型应力应变曲线反映出岩体破坏包络线符合莫尔-库仑屈服准则，故建立的本构力学模型选择莫尔-库仑弹塑性材料模型为宜。

4.3.1.2 FLAC3D 分析计算原理

计算所采用的数学模型是根据弹塑性理论的基本原理（应变定义、运动定律、能量守恒定律、平衡方程及理想材料的连续性方程等）而建立的。

（1）基本约定：在数学及数值模型的表达式中，符号有一定的约定含义，一般 $[A]$ 表示张量，A_{ij} 表示张量 $[A]$ 的 (i, j) 分量，$[a]$ 表示矢量，a_i 表示矢量 $[a]$ 的 i 分量，α_i 表示 α 对 x_i 的偏导数。x_i、u_i、v_i 和 $\mathrm{d}v_i/\mathrm{d}t(i = 1, 3)$ 分别表示一点的位置矢量分量、位移矢量分量、速度矢量分量和加速度矢量分量。

（2）数学模型：

1）柯西（Cauchy）应力张量与柯西公式。对于一个具有体积 V 的封闭曲面 s 的物体，在其上取一表面元素 Δs，这个表面元素的单位外法向矢量为 n，在某一时刻 t，在表面元素对于连续介质中一点，作用着对称的应力张量 σ_{ij}，根据 Δs 上作用有力 ΔP，则极限

$$T = \lim_{\Delta s \to 0} \frac{\Delta P}{\Delta s} = \frac{\mathrm{d}P}{\mathrm{d}s} \tag{4-1}$$

称为表面力。

若用 t_i 表示 T 的分量，则在三维直角坐标系中可有关系式：

$$t_i = n_i \sigma_{ij} \tag{4-2}$$

这个关系式称为柯西公式，其中，σ_{ij} 称为柯西应力张量。

2）应变速率和旋转速率。如果介质质点具有运动速度矢量 $[v]$，则在一个无限小的时间 $\mathrm{d}t$ 内，介质会产生一个由 $v_i \mathrm{d}t$ 决定的无限小应变，对应的应变速率分量 ξ_{ij} 为：

$$\xi_{ij} = \frac{1}{2}\left(\frac{\partial v_i}{\partial x_j} + \frac{\partial v_j}{\partial x_i}\right) \tag{4-3}$$

而其旋转速率分量 ω_{ij} 为：

$$\omega_{ij} = \frac{1}{2}\left(\frac{\partial v_i}{\partial x_j} - \frac{\partial v_j}{\partial x_i}\right) \tag{4-4}$$

3）运动及平衡方程。根据牛顿运动定律与柯西应力原理，如果质点作用着应力 σ_{ij} 与体力 b_i，且具有速度 v_i，则在无限小时间段 $\mathrm{d}t$ 内，它们之间的关系为：

$$\frac{\partial \sigma_{ij}}{\partial x_j} + \rho b_i = \rho \frac{\mathrm{d}v_i}{\mathrm{d}t} \tag{4-5}$$

式中，ρ 为质点密度。式（4-5）称为柯西运动方程。

当质点的加速度为零时，上式变为静力平衡方程，为：

$$\frac{\partial \sigma_{ij}}{\partial x_j} + \rho b_i = 0 \tag{4-6}$$

4）本构方程。式（4-5）与式（4-6）组成的方程组中含有 9 个方程，15 个未知量，其中 12 个是应力与应变速率分量，3 个是速度分量。其余 6 个关系式则由本构方程提供，本构方程一般具有如下形式：

$$[\breve{\sigma}]_{ij} = H_{ij}(\sigma_{ij}, \ \xi_{ij}, \ \kappa) \tag{4-7}$$

式中，$[\breve{\sigma}]$ 为应力变化速率；H 表示一个特定的函数关系；κ 为与荷载历史有关的参数。

4.3.2　数值计算模型建立

根据 3.1 节所述的露天煤矿边坡地质条件与生产现状图建立数值分析计算模型，如图 4-16 所示。

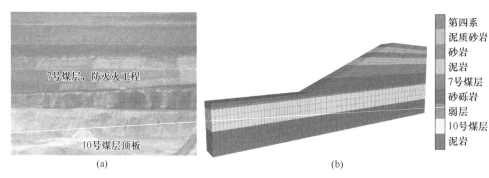

| 第四系 |
| 泥质砂岩 |
| 砂岩 |
| 泥岩 |
| 7号煤层 |
| 砂砾岩 |
| 弱层 |
| 10号煤层 |
| 泥岩 |

（a）　　　　　　　　　　　　　（b）

图 4-16　露天矿边坡计算模型

（a）现场边坡；（b）计算模型

彩图
请扫码

由图 4-16 可知，建立的计算模型长度为 330 m，高度为 105 m，厚度为 20 m，单元数为 10620，节点数为 12672。模型中边坡高度为 59.89 m，边坡角度为 23°，共包含 9 个岩层，由上至下分别为第四系、泥质砂岩、砂岩、泥岩、7 号煤层、砂砾岩、弱层、10 号煤层、泥岩。根据地质资料与现场揭露情况，基底以上边坡岩层倾角设定为 2°。

边界条件设定为平面应变模型，模型两侧采用水平约束，模型底部固定，上部为自由边界，初始应力场按自重应力场考虑，边坡在自重作用下滑移，采用强度折减法，当不平衡力比率满足 10^{-5} 时计算收敛。岩体本构模型采用莫尔-库仑模型，计算过程中使用的各岩土体物理力学参数如表 4-2 所示。

表 4-2 岩土体力学参数

名称	容重 /kg·m⁻³	体积模量 /GPa	剪切模量 /GPa	内聚力 /kPa	内摩擦角 /(°)	抗拉强度 /kPa
第四系	1800	1.51	0.37	10	18	2.3
泥质砂岩	2000	1.81	0.47	25	20	16
砂岩	2100	1.93	1.16	63	22	30
泥岩	2280	2.23	1.16	50	23	37
煤层	1960	3.22	1.07	35	20	22
软弱夹层	1780	1.08	0.25	5	15	2.5
砂砾岩	2300	1.93	1.18	43	25	30
基底泥岩	2280	15.32	7.48	86	32	40

4.3.3 边坡潜在滑移面确定

首先对边坡进行重力作用下的初始地应力平衡，然后采用强度折减方法对边坡稳定性进行计算，图 4-17 给出了计算结束后的剪切应变场增量云图与水平方向位移云图。

1.58×10⁻⁶　　　　　　　　4.12×10⁻²	−1.17×10⁻⁶　　　　　　　　−1.53×10⁻¹
(a)	(b)

图 4-17　边坡稳定性计算结果

（a）最大剪切应变增量云图；（b）水平方向位移云图

彩图
请扫码

由图 4-17 可知，露天矿边坡滑坡大都沿着滑移面进行，滑移面将边坡分为上部滑动体与下部稳定体两部分，滑动体与稳定体之间存在变形集中区域，形成明显的剪切变形局部化带。边坡处于临界失稳状态时，滑动体相对于稳定体来说将发生无限制的滑移，并且滑动体位移包含各单元的变形与滑体的滑动，并且后者引起的节点位移量值远大于前者。因此，本节通过边坡稳定性计算所得位移等值线进行潜在滑移面的确定[71]。

图 4-18 给出了露天矿边坡水平方向位移的等值线云图，由图 4-18 可知，露天矿边坡以位移值为 0.01 的等值线分为滑动体和稳定体，在滑动体与稳定体分界面附近等值线分布密集，软弱夹层附近密集程度最高。由分界面向外，位移值逐渐增大，说明滑体已发生滑动；而分界面下方稳定体位移值相等，说明相对于

滑动体来说，该部分并未出现滑动。因此，将滑动体与稳定体间分界线作为潜在滑移面。显然，潜在滑移面通过软弱夹层位置切出，软弱夹层为潜在滑移面的一部分。

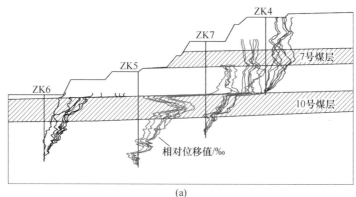

(a)

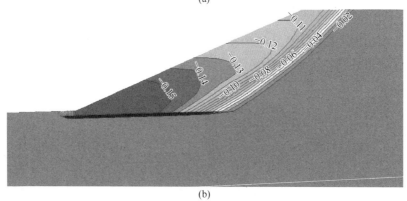

(b)

图 4-18 现场监测与数值计算所得位移图

(a) 现场实测结果；(b) 模拟结果

彩图
请扫码

为了定量地给出潜在滑移面在边坡体中的位置，借助于 Fish 语言得到潜在滑移面单元的坐标信息 (x, z)，为了排除建立模型原点选取对潜在滑移面位置的影响，将边坡坡脚点作为原点建立新的坐标系 (x', z')。潜在滑移面位置信息如表 4-3 所示。

表 4-3 潜在滑移面位置信息

点号	x	z	x'	z'	点号	x	z	x'	z'
1	270.4	105.3	175.61	60.2	5	257.59	92.62	162.8	47.52
2	267.6	102.4	172.81	57.3	6	254.47	89.35	159.68	44.25
3	264.7	99.4	169.91	54.3	7	251.02	86.06	156.23	40.96
4	261.2	96	166.41	50.9	8	247.37	82.79	152.58	37.69

点号	x	z	x'	z'	点号	x	z	x'	z'
9	243.75	79.5	148.96	34.4	24	170.67	42.76	75.88	-2.34
10	240.13	76.23	145.34	31.13	25	163.1	42.41	68.31	-2.69
11	236.69	73.39	141.9	28.29	26	155.51	42.15	60.72	-2.95
12	233.13	70.57	138.34	25.47	27	147.9	41.93	53.11	-3.17
13	229.39	67.71	134.6	22.61	28	140.323	41.69	45.533	-3.41
14	225.52	64.85	130.73	19.75	29	132.73	41.47	37.94	-3.63
15	221.46	62.01	126.67	16.91	30	125.04	41.24	30.35	-3.86
16	216.83	58.61	122.04	13.51	31	117.56	41.02	22.77	-4.08
17	211.86	55.2	117.07	10.1	32	109.98	40.79	15.19	-4.31
18	206.42	51.78	111.63	6.68	33	102.38	40.57	7.59	-4.53
19	200.68	48.37	105.89	3.27	34	94.78	40.34	-0.01	-4.76
20	195.75	45.18	100.96	0.08	35	91.84	40.3	-2.95	-4.8
21	193.44	44.7	98.65	-0.4	36	88.87	40.44	-5.92	-4.66
22	185.85	43.63	91.06	-1.47	37	85.86	41.39	-8.93	-3.71
23	178.24	43.09	83.45	-2.01	38	82.96	44.59	-11.83	-0.51

根据表 4-3 中坐标信息，绘制潜在滑移面的方程曲线，如图 4-19 所示。由图 4-19 可知，潜在滑移面曲线可分为三部分，包括上部岩层区、软弱夹层区、滑面出口区。观察滑移面形态可知，上部岩层区可采用二次函数拟合，软弱夹层区可采用一次函数拟合，滑面出口区可采用指数函数拟合。三部分拟合模型曲线如式（4-8）所示：

$$\begin{cases} z' = ax'^2 + bx' + c & x' \geqslant 91.06 \\ z' = a + bx' & -0.01 < x' < 91.06 \\ z' = a\exp(-x'/b) + c & x' < -0.01 \end{cases} \quad (4-8)$$

式中，a、b、c 为滑移面形态相关参数，可通过数据拟合得出。

根据表 4-3 中坐标信息，拟合计算可得滑移面形态相关参数，如表 4-4 所示。不同区域的拟合情况如图 4-19（b）~（d）所示。

表 4-4 潜在滑移面拟合参数

曲线位置	a	b	c	相关性系数 R^2
软弱夹层区	-4.81	0.035	0	0.995
上部岩层区	0.0047	-0.482	2.030	0.998
滑面出口区	0.021	2.205	-4.912	0.998

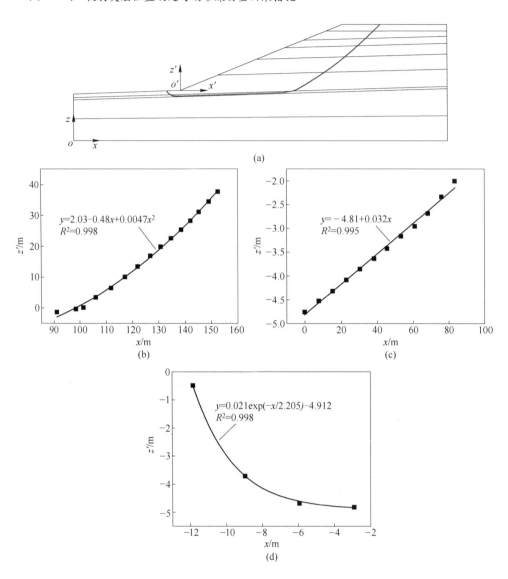

图 4-19 潜在滑移面曲线

（a）潜在滑移面在坡体中位置；（b）潜在滑移面方程曲线（上部岩层区）；
（c）潜在滑移面方程曲线（软弱夹层区）；（d）潜在滑移面方程曲线（滑面出口区）

潜在滑移面的位置对于边坡稳定性支护方案的确定具有决定性的作用，一般以潜在滑移面与边坡坡面的相对位置来表述潜在滑移面的位置。由于软弱夹层位置已通过 4.2 节边坡勘察与监测数据分析确定，本节主要确定软弱夹层上部潜在滑移面位置。以图 4-19（a）中 $x'o'z'$ 为坐标系，假设边坡角度为 θ，则边坡的坡面线方程可表示为：

$$z' = x'\tan\theta \tag{4-9}$$

联立式（4-8）与式（4-9）可得，相同标高时潜在滑移面与坡面的水平距离 d_z，即：

$$d_z = \frac{-b + \sqrt{b^2 - 4a(c - z')}}{2a} - z'\cot\theta \tag{4-10}$$

将表 4-4 中参数值代入上式即可得所研究边坡在指定标高下潜在滑移面与边坡坡面的水平距离，即：

$$d_z = \frac{0.482 + \sqrt{0.23 - 0.02(2.03 - z')}}{0.009} - 2.36z' \tag{4-11}$$

4.3.4 边坡关键单元确定原理

由上述分析可知，边坡体中潜在滑移面将边坡分为上部的滑动体与下部的稳定体。边坡失稳之前，二者之间可看作由许多受力单元体形成的承载单元组连接，如图 4-20 所示。

图 4-20 边坡滑移单元体分析示意图

（a）实际滑坡情况；（b）理论模型

单元体位置不同，岩性不同，受到荷载的非对称系数不同，造成各个单元体的变形破坏特征和承载强度不同，各单元体破坏时对边坡造成的影响程度也不同。边坡失稳前，各单元体相互作用、相互影响，根据单元体变形与应力情况，将单元体受力后的状态分为三种情况，如图 4-21 所示。图 4-21 中，采用单元体的尺寸大小表示其变形与承载的情况，单元体纵向长度 h 表示其变形余量系数，横向长度 l 代表其强度余量系数，二者表达式如下：

$$\begin{cases} h = \dfrac{\varepsilon_c - \varepsilon}{\varepsilon_c} \\ l = \dfrac{\sigma_c - \sigma}{\sigma_c} \end{cases} \tag{4-12}$$

式中，ε_c 为单元体峰值应变；ε 为当前应变；σ_c 为峰值应力；σ 为当前应力值。

根据式（4-12）可知，h 值越小，表明单元体剩余可变形量越少，单元变形程度越大；l 值越小，表明单元体剩余可承载应力能力越小，发生破坏的可能性越大。由图 4-21（a）可知，$h<l$，说明单元体发生了很大变形，部分区域发生塑性破坏，应力得到了释放，承受应力较小；由图 4-21（b）可知，$h=l$，单元体变形与应力变化相当，表明单元体处于弹性阶段；由图 4-21（c）可知，$h>l$，单元体变形很小，承受的应力却很大，单元体储存能量多，一旦发生破坏将快速释放大量能量，对边坡体整体变形影响也最大。因此，可将图 4-21（c）中所述单元视为边坡体中初始关键单元，初始关键单元破坏后，后续破坏的单元中对边坡影响最大的单元视为次级关键单元。关键单元体具有相互作用、相互影响的特征，一个关键单元体的变形破坏会加速其他单元体的变形破坏过程，产生另一个关键单元，形成恶性破坏链，最终导致边坡的变形失稳。因此，宏观边坡失稳是细观单元体的动态破坏过程，研究边坡的整体变形规律与制定合理的支护方案就需要掌握关键单元体的动态转化过程。

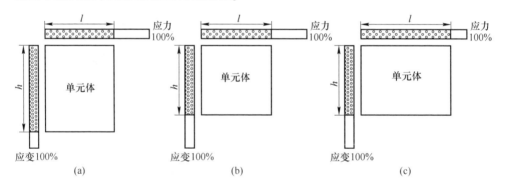

图 4-21　单元体变形与应力示意图

（a）$h<l$；（b）$h=l$；（c）$h>l$

4.3.5　边坡关键单元识别与动态破断路径

4.3.5.1　初始关键单元确定

初始关键单元是边坡发生滑移时潜在滑移面上首先破断的单元，初始关键单元位置的确定是边坡体关键单元破断路径识别的基础。为了确定初始关键单元的位置，采用上述关键单元识别原理，对图 4-16 中边坡模型进行数值计算，计算结束后潜在滑移面上各单元的剪切应力值与水平方向位移值如图 4-22 所示。

由图 4-22 可知，由坡顶至坡脚，边坡位移与剪切应力的变化趋势均为先增加后减小。在 21 号单元体时，剪切应力达到最大值，位移值却很小，二者相对值在该单元达到最大值，说明 21 号单元体蓄积的应变能最大，该单元发生破坏

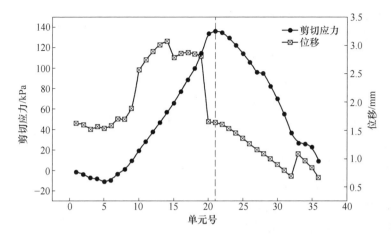

图 4-22　单元剪切应力与位移曲线

后对边坡影响较大,初步确定该单元体为边坡的关键单元。

　　为了进一步确定 21 号单元体为初始关键单元,采用去除单元反分析法,将潜在滑移面上单元逐个去除后观察对边坡稳定性的影响,每次计算设定计算时步为 20000 步,各单元去除后的边坡变形情况及原始边坡变形情况,如图 4-23 所示。

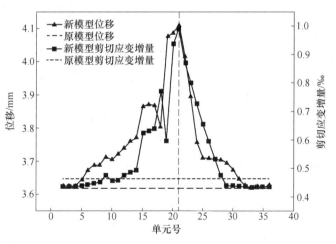

图 4-23　新模型与原模型计算结果

彩图
请扫码

　　由图 4-23 所示,去除单元后的模型计算所得的位移、剪切应变增量值均大于原模型计算所得的位移与剪切应变增量值。由坡顶逐个去除单元后,边坡的位移值与剪切应变增量值均逐渐增加,在 21 号单元去除后达到最大值,之后逐渐减小。因此,潜在滑移面上的 21 号单元去除对边坡稳定性的影响最大,结合图 4-22 的分析结果,可确定该研究的边坡初始关键单元为 21 号单元体。

4.3.5.2 关键单元动态破断路径

通过关键单元确定方法对所研究边坡开展模拟计算，确定了边坡体中初始关键单元位置，采用相同方法，通过模拟计算给出关键单元的破断路径。由上述分析可知，关键单元破坏后对边坡稳定性造成的影响最大，基于这一思路，采用去除单元反分析法，找到边坡体中的关键单元。通过计算所得的边坡水平方向位移值、剪切应变增量值判断单元去除后对边坡稳定性的影响程度。关键单元判断流程如图 4-24 所示。根据图 4-24 的计算流程，首先对潜在滑移面上的单元进行逐个弱化计算，每次计算时步设定为 20000 步，根据稳定性计算结果确定出初始关键单元；以去除初始关键单元的模型为基础，逐个弱化

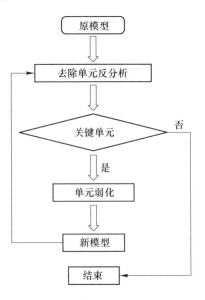

图 4-24 关键单元判断流程

其余单元，找到对边坡稳定性影响最大的单元即为次级关键单元；依次循环，直至找到边坡体中所有关键单元及其位置。

考虑到潜在滑移面上单元数为 36 个，去除单元反分析阶段较多，本书仅给出部分单元去除后边坡体位移与剪切应变增量的变化曲线，如图 4-25 所示。关键单元编号原则为由坡顶至坡底逐渐增加，坡顶第一个关键单元编号为 1，坡底最后一个关键单元边坡为 36。由图 4-25 可知，随着潜在滑移面上关键单元的逐渐去除，边坡体位移呈逐渐增大的趋势。前 17 个关键单元去除后均对边坡稳定性产生较大影响，关键单元去除后对应的边坡体位移、剪切应变增量均发生突变；从第 18 个关键单元去除后，边坡体位移、剪应变增量并未发生突变，说明前 17 个单元去除后边坡基本处于失稳状态，此时再去除关键单元对边坡整体稳定性影响不大。

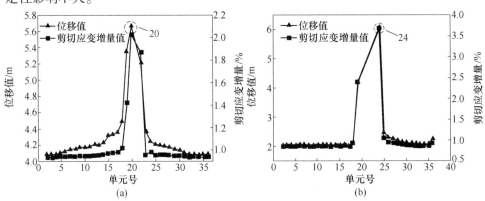

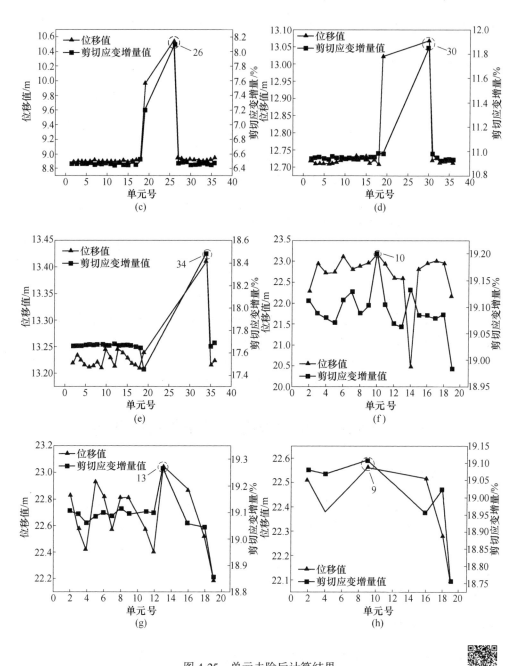

图 4-25 单元去除后计算结果

（a）关键单元 2；（b）关键单元 5；（c）关键单元 7；（d）关键单元 11；
（e）关键单元 15；（f）关键单元 18；（g）关键单元 22；（h）关键单元 30

彩图
请扫码

采用去除单元反分析法得到的潜在滑移面上关键单元破断顺序为 21→20→

22→23→24→25→26→27→28→29→30→31→32→33→34→35→36→10→15→
14→17→13→3→7→5→8→12→6→11→9→4→2→18→19→16。绘制关键单元动
态破断路径，如图 4-26 所示。

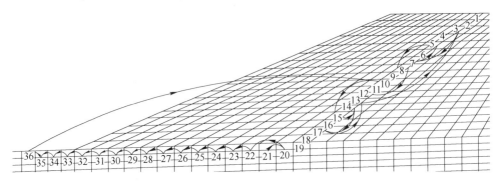

图 4-26　关键单元动态破断路径

由图 4-26 可知，初始关键单元位于潜在滑移面转折处，在软弱夹层中。软
弱夹层中的单元首先发生破断，破断顺序由坡体内部向坡脚处依次破断。软弱夹
层区单元全部破断后，关键单元转向边坡滑移面中部，继而向边坡中下部、中上
部破断。由此可见，初始关键单元位于软弱夹层之中，软弱夹层是影响边坡稳定
性的关键因素，边坡稳定性防治应首先考虑提高软弱夹层的抗滑力。

4.4　含软弱夹层边坡端帮煤安全回采措施

4.4.1　计算模型建立

根据对测斜监测和地质条件分析确定的边坡体内弱层的位置，利用极限平衡
分析软件计算含弱层条件下边坡的稳定性和滑坡模式。利用 AutoCAD 软件建立
计算模型，定义 10 号煤层顶板向上 0.6 m 范围内为弱层。为简化计算考虑整体
坡面角和边坡高度建立计算模型。根据创建的边坡剖面图可知，当前状态下边坡
角度为 23°，高度为 57 m，设计终了状态下边坡角度为 35°，高度为 82 m。

4.4.2　计算结果分析

利用极限平衡分析软件，采用自动搜索最危险滑移面模式分别计算现状边
坡、设计终了边坡的稳定性，计算结果如图 4-27 所示。

由图 4-27 可知，当前状态下边坡的安全系数为 1.103，边坡处于基本稳定状
态。测斜监测结果也表明各测点位移值并不是持续增加，而是呈振荡状态，边坡
并未出现加速破坏征兆，边坡当前状态稳定性能够得到保证。最终状态下边坡的

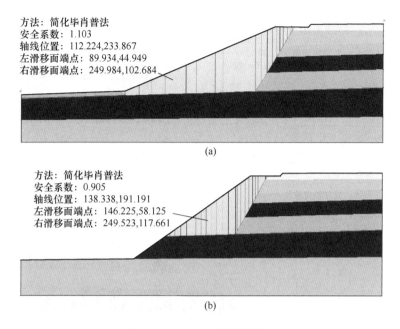

图 4-27　边坡稳定性计算结果

（a）边坡稳定现状；（b）最终状态的边坡稳定性

安全系数为 0.905，边坡失稳滑塌风险较大。现状边坡和终了边坡最危险滑移面的入口均位于地表，而滑移面出口却不同。因为软弱夹层的存在，边坡最危险滑移面前缘与软弱夹层平行，滑体与边坡脱离后将沿软弱夹层切出。

4.4.3　端帮煤安全回采方案研究

由边坡稳定性计算结果可知，终了边坡安全系数在 1 以下，边坡失稳风险较大。在继续回采过程中，受降雨、外部动荷载等不利因素的影响，则必然造成边坡岩体的滑动破坏。为保证露天煤矿靠帮开采时的边坡稳定性，应采取合理的边坡维稳措施。考虑到矿山经济效益，北帮靠帮开采时由原有的正常推进改为横采内排的方式，在满足最小设备运转空间条件下，尽早实现北帮压脚工作。为确定合理的压脚高度与压脚宽度，以终了边坡计算模型为基础，分别计算不同压脚高度、不同压脚宽度情况下边坡的安全系数。分别计算了压脚高度 H 为 20 m、25 m、30 m、35 m，压脚宽度 L 为 20 m、25 m、30 m、35 m，40 m 时边坡稳定性。受篇幅限制，仅提供压脚参数 25 m×20 m、35 m×20 m 情况下的计算结果，如图 4-28 所示。由图 4-28 可知，当压脚工程难以抵抗滑体的下滑力时，软弱夹层仍对边坡的稳定性起控制作用，边坡的滑坡模式不发生变化，滑体与边坡脱离后仍沿软弱夹层切出。当压脚工程足以抵抗边坡的下滑力时，边坡的稳定性不再

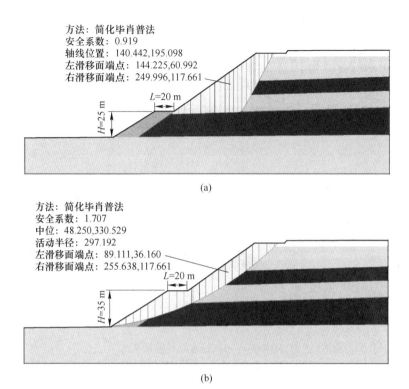

图 4-28 压脚工程稳定性计算结果

（a）25 m×20 m；（b）35 m×20 m

受软弱夹层影响，边坡的滑坡模式变为圆弧形破坏。表 4-5 给出了不同压脚参数情况下边坡的安全系数。

表 4-5 不同压脚参数情况下边坡的安全系数

项 目		H/m			
		20	25	30	35
L/m	20	0.906	0.919	0.977	1.707
	25	0.918	0.919	0.995	1.718
	30	0.914	0.92	0.994	1.728
	35	0.905	0.932	0.995	1.741
	40	0.917	0.924	0.997	1.749

根据表 4-5 绘制了不同压脚参数下边坡安全系数变化规律，如图 4-29 所示。由表 4-5 和图 4-29 可知，当压脚宽度一定时，随着压脚高度的增加边坡安全系数逐渐增大，但增加频率不同。当压脚高度小于 30 m 时，随着压脚高度的增加，

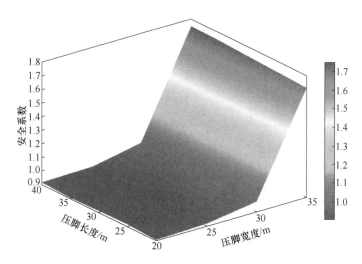

图 4-29 不同压脚参数下边坡安全系数变化规律

边坡安全系数增加较为缓慢，压脚高度由 20 m 增加至 30 m 时，边坡安全系数最大增加量仅为 9.9%；当压脚高度超过 30 m 时，随压脚高度增加边坡安全系数快速提高，压脚高度由 30 m 增加至 35 m 时，边坡安全系数最大增加量为 75.4%。这是因为当压脚高度小于 30 m 时，压脚工程难以抵抗边坡沿弱层滑动的下滑力，边坡稳定性仍受制于软弱夹层，此时改变压脚高度对边坡整体稳定性影响不大；当压脚高度大于 30 m 时，软弱夹层对边坡的稳定性影响逐渐弱化，随着压脚高度的增加边坡安全系数有明显的增大，当压脚工程足以抵抗边坡沿软弱夹层滑动的下滑力时，边坡的滑坡模式发生转变，边坡安全系数得到大幅度提升。当压脚高度难以保证边坡稳定性时，随着压脚宽度的增加边坡的安全系数变化不大，通过改变压脚宽度并不能改变边坡的稳定状态；当压脚高度可以保证边坡稳定性时，随着压脚宽度的增加边坡的安全系数逐渐增加，但增加幅度很小，压脚宽度由 20 m 增加至 40 m 时，边坡安全系数仅提高了 2.5%。由此可知，含软弱夹层边坡稳定性的保证主要取决于压脚高度，压脚宽度对于含软弱夹层边坡稳定性控制的作用不大，存在"多压无益"的现象，因此，工程施工时应保证有足够的压脚高度，对于压脚宽度可在满足作业空间和压脚边坡稳定性的基础上取最小值。根据表 4-5 计算结果，露天矿靠帮回采时采用压脚的方式保证边坡稳定性，合理的压脚参数为压脚宽度为 20 m，压脚高度为 35 m。

4.4.4 讨论

边坡体的稳定性取决于软弱夹层自身及其围岩的稳定性，即不同岩层间的协调变形以保持整体的稳定性。考虑软弱夹层外侧有限范围内的岩层，建立如图 4-30 所示的含软弱夹层边坡系统力学模型[72-73]。

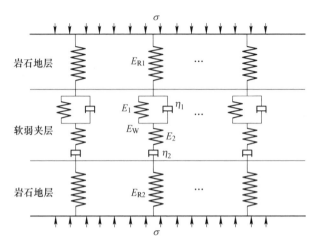

图 4-30 含软弱夹层边坡系统力学模型

边坡系统力学模型中岩层用弹性体表示,软弱夹层用 Maxwell 体和 Kelvin 体串联而成的伯格斯模型表示。边坡系统状态方程为:

$$\sigma = E_{(\varepsilon)} \cdot \varepsilon = E_{R1(\varepsilon)} \cdot \varepsilon_{R1} = E_{W(\varepsilon)} \cdot \varepsilon_{W} = E_{R2(\varepsilon)} \cdot \varepsilon_{R2} \tag{4-13}$$

式中,$E_{(\varepsilon)}$ 为广义刚度;ε 为应变。

对于软弱夹层,其本构方程为:

$$\eta_1 \ddot{\varepsilon} + E_1 \dot{\varepsilon} = \frac{\eta_1}{E_2} \ddot{\sigma} + \left(1 + \frac{E_1}{E_2} + \frac{\eta_1}{\eta_2}\right) \dot{\sigma} + \frac{E_1}{\eta_2} \sigma \tag{4-14}$$

式中,E_1、E_2 为弹性模量;η_1、η_2 为黏滞系数;σ 为应力;$\dot{\sigma}$ 为应力速度;$\ddot{\sigma}$ 为应力加速度;$\dot{\varepsilon}$ 为应变速度;$\ddot{\varepsilon}$ 为应变加速度。

软弱夹层在边坡变形、破坏过程中起主控作用,软弱夹层强度远小于临近岩层强度,受力扰动后会首先发生破坏。软弱夹层破坏准则可根据式(4-15)判断。

$$\tau = c_{W} + \sigma_{W} \tan\varphi_{W} \tag{4-15}$$

式中,τ 为夹层剪应力;c_{W} 为夹层黏聚力;σ_{W} 为夹层正应力;φ_{W} 为夹层摩擦角。

在软弱夹层达到峰值应力前,岩层的广义刚度即为弹性模量,根据式(4-13)可得:

$$\frac{\varepsilon_{W}}{\varepsilon_{R}} = \frac{E_{R(\varepsilon)}}{E_{W(\varepsilon)}} \tag{4-16}$$

在峰值强度前,软弱夹层与岩层的变形是按弹性模量分配的,应变的大小可以表征岩层破坏程度。定义软弱夹层与岩层的弹性应变极限为 ε_{eW}、ε_{eR}，软弱夹层先于岩层达到峰值强度，此时岩层产生的变形值为：

$$\varepsilon_{R} = \frac{E_{W(\varepsilon)}}{E_{R(\varepsilon)}}\varepsilon_{eW} \tag{4-17}$$

即

$$\frac{\varepsilon_{R}}{\varepsilon_{eR}} = \frac{E_{W(\varepsilon)}}{E_{R(\varepsilon)}}\frac{\varepsilon_{eW}}{\varepsilon_{eR}} \tag{4-18}$$

式（4-18）表示了软弱夹层到达峰值时岩层的破坏程度，以此可作为边坡失稳前岩层破坏效果的评价指标。

目前常用的边坡稳定性计算方法主要有极限平衡方法、塑性极限分析法、有限单元法等，这些方法均以岩土体是否发生剪切破坏为判据，计算所得边坡潜在滑移面大都为类圆弧形破坏（图4-31中 $ACDF$）。实际矿山开挖过程中，浅部剥离台阶多为第四系残积土、碎石土等较为松散土层，抗拉强度极低，可将其视为不能承受拉应力的材料。当边坡出现整体失稳时，根据 Mohr-Coulomb 屈服破坏准则，最危险滑移面上各点均已进入剪切屈服状态，滑动面上各点的切线与最大主应力方向夹角均为 $45°+\varphi/2$。在最危险滑动面上取不同位置点绘制单元平面应力状态（图4-31），最大主应力方向随着单元体位置不同而发生偏转。最危险滑动面上由下至上最大主应力方向与笛卡尔坐标轴的夹角逐渐增加，最小主应力方向与笛卡尔坐标轴的夹角逐渐减小，到达 C 点时最小主应力与笛卡尔坐标轴重

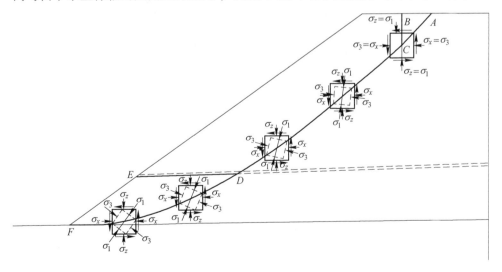

图 4-31 软弱夹层边坡破坏机理

合，最小主应力由压应力变为零或拉应力。根据张拉-剪切复合破坏准则[74]，C
点以上岩体发生拉伸破坏，不再发生剪切破坏，形成沿最小主平面方向的张拉裂
缝，边坡失稳时的滑移面形态近似为 $BCDF$。当边坡体含有软弱夹层时，软弱夹
层的抗剪强度远小于临近岩体的抗剪强度，在上覆岩层自重作用下，软弱夹层首
先达到其抗剪强度，滑体沿软弱夹层切出，边坡失稳时的滑移面形态近似为
$BCDE$。因此，含软弱夹层的顺倾层状边坡大都发生前缘顺层-中部切层-上缘拉裂
型破坏。

顺倾层状边坡中含有软弱夹层时，软弱夹层与其他岩层形成组合系统。含软
弱夹层边坡稳定性即岩体系统受力后夹层与围岩间的协调变形，以及局部发生破
坏后进行的应力调整。软弱夹层作为层状岩体系统的薄弱环节，对控制顺倾层状
边坡的稳定性具有关键作用。顺倾层状边坡中软弱夹层的赋存深度、倾角等属性
对边坡的稳定性影响较大。计算结果表明，随着软弱夹层赋存深度的增加，顺倾
层状边坡整体稳定性先减小后增加，边坡安全系数随软弱夹层赋存深度增加先减
小后增大，二者呈二次函数关系，相关性系数为 0.9191（图 4-32）；随着软弱夹
层倾角的增加，顺倾层状边坡整体稳定性先逐渐减小，边坡安全系数随软弱夹层
倾角的增加逐渐减小，二者呈线性函数关系，相关性系数为 0.9933（图 4-33）。

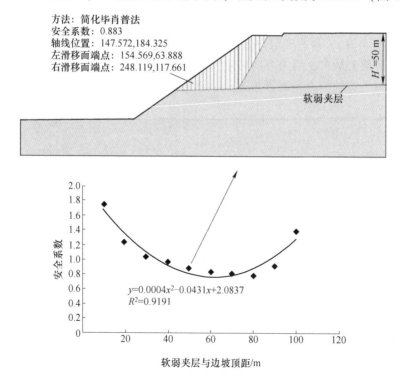

图 4-32   软弱夹层赋存深度对边坡稳定性影响

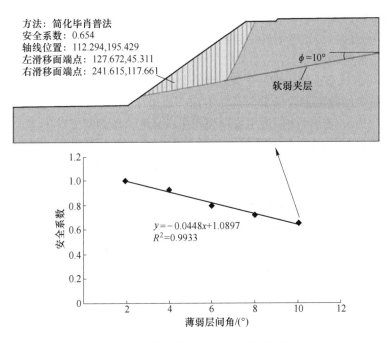

图 4-33 软弱夹层倾角对边坡稳定性影响

4.5 本章小结

本章通过对现场监测数据分析，确定了边坡体中软弱夹层的位置，结合数值模拟方法给出了边坡体潜在滑移面位置与形态方程，提出了边坡潜在滑移面上关键单元的动态破断路径识别方法，计算了现状边坡与终了边坡的稳定性，提出了采用内排压脚措施保障端帮煤安全回采，并给出了最优的压脚方案。主要得出如下结论：

（1）钻孔取芯与测斜监测数据分析表明露天煤矿含有软弱夹层，且位于 10 号煤顶板附近。滑动式测斜仪可很好地应用于露天煤矿边坡潜在滑移面（软弱夹层）位置的确定，但对于露天矿边坡应用时因其测斜深度大，导致劳动强度大，效率低，有待向自动化、智能化方式改进。

（2）在确定软弱夹层位置基础上，建立了含软弱夹层边坡稳定性计算模型，采用位移等值线方法确定了潜在滑移面位置，将潜在滑移面分为上部岩层区、软弱夹层区、滑面出口区三部分，并给出了潜在滑移面三部分的形态方程与潜在滑移面位置方程。

（3）提出了一种含软弱夹层边坡潜在滑移面关键单元的识别方法并确定了关键单元的动态破断路径，认为强度最低的软弱夹层中关键单元首先发生破断，由坡体内部转折处向非对称性低的坡脚处依次破断，软弱夹层区单元全部破断后，关键单元破断位置继而转向边坡滑移面中部，接着向边坡中下部、中上部破断，直至边坡失稳。

（4）当前状态下的边坡处于基本稳定状态，终了时边坡失稳滑塌风险较大。端帮煤炭资源回收可采取横采内排的方法，通过压脚的方式保证边坡的稳定性。含软弱夹层边坡稳定性的保证主要取决于压脚高度，压脚宽度对于含软弱夹层边坡稳定性的控制作用不大，存在"多压无益"的现象，因此，工程施工时应保证有足够的压脚高度，对于压脚宽度可在满足作业空间和压脚边坡稳定性的基础上取最小值。

（5）含软弱夹层的顺倾层状边坡大都发生前缘顺层-中部切层-上缘拉裂型的破坏模式。顺倾层状边坡的稳定性随着软弱夹层赋存深度的增加先降低后增大，边坡安全系数与软弱夹层赋存深度呈二次函数关系；边坡稳定性随着软弱夹层倾角的增加而逐渐降低，边坡安全系数与软弱夹层倾角呈一次函数关系。

5 软弱基底散体边坡变形监测 与数值模拟验证

露天开采时需要将露天矿境界内的表土剥离，并运至采场境界外或采场境界内的采空区进行排弃，形成露天矿排土场。露天矿山每年排弃废石量总共约10亿吨，占地面积800～866.67 km²。随着排土场征地日益困难，征地成本越来越高，排土场边坡向高陡式方向发展，随着堆排高度不断提高，排土场的自重应力增加，假若排土场基底承载力先天不足，极易引发排土场垮塌。排土场堆排高度增加，底部废石料被压密实，排土场底部渗透性变差，排土场内部含水不能及时排出，形成含水层，这些存在的含水层构成了滑坡体的潜在滑移面，而雨水入渗增大了排土场滑移的可能性。并且随着雨季的到来，排土场废石土的重度增加，黏聚力减小，更容易引发排土场失稳滑塌，形成滑坡泥石流[75]。

对于矿山企业而言，若排土场无法安全稳定运行，将会严重制约生产能力，且极有可能引发安全事故，导致矿山停产或停业整顿。因而矿山排土场在运行过程中的稳定性分析研究是矿山安全生产管理中极为重要的环节。

5.1 露天矿工程概况

项目研究边坡位于露天煤矿选煤厂东侧，为内排土场边坡，边坡体主要成分为剥离煤层顶板以上的砂质泥岩、粉砂质泥岩、泥岩、黄土等物料，终了排弃高度约101 m。排土场基底为煤层底板，主要为泥质岩类，局部为黏土岩类，整体强度较高，但其中泥质岩类遇水易膨胀崩解导致强度降低。边坡体下部排弃物料为早期开采排弃的砂土和碎石，整体强度不高且下雨后强度明显降低。距边坡50 m左右为施工单位活动板房且有人居住，此边坡稳定与否直接关系到工人安全以及选煤厂的正常运作。

5.2 现场监测与分析

5.2.1 现场钻孔与设备布设

利用2.4节介绍的全角度坡脚钻孔稳定性动态监测装置开展研究区域边坡稳

定性动态监测。图 5-1 为现场施工钻孔图。该测试布置 6 个钻孔，均匀分布在研究区域边坡坡脚位置，具体位置见表 5-1。钻孔直径为 140 mm，受钻孔设备影响，钻孔深度为 1.6 m。每个钻孔分别放入 4 个监测装置，A、B、C、D、E、F 分别对应 1～6 号钻孔，根据设备埋深不同，由上至下依次分为 A1、A2、A3、A4，其余以此类推，详情见表 5-2。该实测主要研究边坡水平方向变形，故应力桶设备切割部位与边坡底线垂直，设备主要发生水平方向变形。

图 5-1 现场施工钻孔

表 5-1 钻孔坐标

孔号	X	Y	Z	孔径/mm	孔深/m
A	517227.988	4333037.716	977.14	140	1.6
B	517222.83	4333051.174	975.92	140	1.6
C	517215.246	4333068.737	974.62	140	1.6
D	517207.207	4333081.307	974.91	140	1.6
E	517204.694	4333092.906	974.53	140	1.6
F	517204.813	4333115.986	974.9	140	1.6

表 5-2 设备深度

测点深度/m	1 号	2 号	3 号	4 号
A	0.4	0.8	1.2	1.6
B	0.4	0.8	1.2	1.6
C	0.4	0.8	1.2	1.6
D	0.4	0.8	1.2	1.6
E	0.4	0.8	1.2	1.6
F	0.4	0.8	1.2	1.6

5.2.2 钻孔数据采集

　　工程现场坡脚钻孔位置和装置安放如图 5-2 与图 5-3 所示。监测数据采集任务计划为每天两次采集，分别在 9：00 和 15：00，单个钻孔每天采集数据量为 8 个，监测计划为期 15 d。

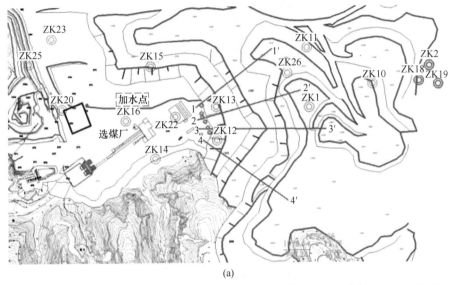

(a)

(b)

图 5-2　钻孔位置

（a）钻孔在平面图上的位置；（b）钻孔实际位置

彩图
请扫码

图 5-3   监测设备安装情况

5.2.3   数据处理及现状边坡稳定性分析

利用实验室测得主体承载机构应变片不同电阻率对应不同形变，可比较得出实测数据反映钻孔形变值，见表 5-3～表 5-8。

表 5-3   1 号钻孔形变实测数据

时间/d	A1 示数	形变/mm	A2 示数	形变/mm	A3 示数	形变/mm	A4 示数	形变/mm
1	20.95	0.116	5.35	0.030	30.25	0.168	12.15	0.068
2	18.3	0.102	4.8	0.027	5.75	0.032	19.85	0.110
3	18.35	0.102	15.4	0.086	5.15	0.029	10.8	0.060
4	2.1	0.012	3	0.017	8.15	0.045	14.15	0.079
5	24.3	0.135	2.7	0.015	2.65	0.015	38.15	0.212
6	7.5	0.042	31.35	0.174	16.35	0.091	4.1	0.023
7	15.8	0.088	12.6	0.070	16.7	0.093	32.05	0.178
8	29.7	0.165	10.1	0.056	16.85	0.094	6.35	0.035
9	2.85	0.016	11.55	0.064	17.75	0.099	5.85	0.033
10	11.3	0.063	16.65	0.093	0.1	0.001	23.75	0.132
11	28.35	0.158	3.9	0.022	5.9	0.033	9.25	0.051
12	19.55	0.109	0.65	0.004	19.4	0.108	14.35	0.080
13	22.95	0.128	10.4	0.058	10.25	0.057	4.7	0.026
14	6.15	0.034	11.55	0.064	18.7	0.104	10.3	0.057
15	15.9	0.088	2.15	0.012	3.45	0.019	22.6	0.126

表 5-4　2 号钻孔形变实测数据

时间/d	B1 示数	形变/mm	B2 示数	形变/mm	B3 示数	形变/mm	B4 示数	形变/mm
1	15.05	0.084	7.1	0.039	3.35	0.019	19.45	0.108
2	13.3	0.074	6.2	0.034	6.1	0.034	16	0.089
3	0.35	0.002	23.65	0.131	34.1	0.189	30.15	0.168
4	16.75	0.093	0.45	0.003	22.35	0.124	9.2	0.051
5	9.5	0.053	23.7	0.132	1.2	0.007	4.3	0.024
6	19.85	0.110	15.65	0.087	18.7	0.104	31.05	0.173
7	1.55	0.009	28	0.156	22.85	0.127	19.75	0.110
8	9.1	0.051	23.7	0.132	8.15	0.045	6.95	0.039
9	1.95	0.011	8.8	0.049	12.65	0.070	6.25	0.035
10	4.35	0.024	9.85	0.055	7.65	0.043	0.75	0.004
11	15.05	0.084	6.2	0.034	12.7	0.071	11.45	0.064
12	16.2	0.090	1.35	0.008	0.95	0.005	27.4	0.152
13	2.2	0.012	11.55	0.064	5.65	0.031	15.1	0.084
14	22.35	0.124	7.55	0.042	6.1	0.034	3.45	0.019
15	12.1	0.067	6.55	0.036	18.6	0.103	42.85	0.238

表 5-5　3 号钻孔形变实测数据

时间/d	C1 示数	形变/mm	C2 示数	形变/mm	C3 示数	形变/mm	C4 示数	形变/mm
1	2.15	0.012	6.15	0.034	22.75	0.126	6.5	0.036
2	7.95	0.044	26.55	0.148	10.25	0.057	22.75	0.126
3	16.75	0.093	19.05	0.106	5.95	0.033	10.5	0.058
4	18.65	0.104	31.1	0.173	3.55	0.020	20.65	0.115
5	17.4	0.097	2.2	0.012	3.65	0.020	8.15	0.045
6	0.2	0.001	0.1	0.001	11.9	0.066	12.55	0.070
7	39.45	0.219	28.25	0.157	9.05	0.050	8.4	0.047
8	6	0.033	2	0.011	9	0.050	13.85	0.077
9	7.5	0.042	1.35	0.008	2.25	0.013	1.05	0.006
10	1.75	0.010	1.8	0.010	14.85	0.083	17.9	0.099
11	10.55	0.059	11.85	0.066	4.7	0.026	26.05	0.145
12	5.35	0.030	12.05	0.067	0.6	0.003	19.85	0.110
13	2.05	0.011	9.55	0.053	11.5	0.064	15.1	0.084
14	3.25	0.018	5.15	0.029	1.55	0.009	12.95	0.072
15	12.4	0.069	0.1	0.001	11.85	0.066	1.75	0.010

表 5-6　4 号钻孔形变实测数据

时间/d	D1 示数	形变/mm	D2 示数	形变/mm	D3 示数	形变/mm	D4 示数	形变/mm
1	14.25	0.079	18.6	0.103	5.05	0.028	12.4	0.069
2	14.25	0.079	23.85	0.133	6.7	0.037	5.5	0.031
3	19.4	0.108	15.1	0.084	12.1	0.067	21.8	0.121
4	6.95	0.039	4.45	0.025	8.8	0.049	2.9	0.016
5	13.75	0.076	22.65	0.126	16.25	0.090	12.25	0.068

续表 5-6

时间/d	D1 示数	形变/mm	D2 示数	形变/mm	D3 示数	形变/mm	D4 示数	形变/mm
6	0.4	0.002	9.15	0.051	4.4	0.024	15.4	0.086
7	5.7	0.032	16.75	0.093	23.85	0.133	31.2	0.173
8	9.75	0.054	9.6	0.053	0.45	0.003	18.55	0.103
9	7.5	0.042	4.4	0.024	0.05	0	10.25	0.057
10	1.35	0.008	29.55	0.164	22.3	0.124	20.45	0.114
11	14.05	0.078	22.8	0.127	8.9	0.049	18.5	0.103
12	8.85	0.049	14.8	0.082	15.1	0.084	21.3	0.118
13	6.55	0.036	0.75	0.004	12.8	0.071	7.3	0.041
14	1.05	0.006	20.15	0.112	3	0.017	8.6	0.048
15	2.5	0.014	3	0.017	12.85	0.071	7.2	0.040

表 5-7 5 号钻孔形变实测数据

时间/d	E1 示数	形变/mm	E2 示数	形变/mm	E3 示数	形变/mm	E4 示数	形变/mm
1	5.65	0.031	19.35	0.108	11.65	0.065	20.2	0.112
2	12.7	0.071	1.55	0.009	21.05	0.117	22.4	0.124
3	1.95	0.011	17.75	0.099	1	0.006	16.25	0.090
4	8.85	0.049	2.05	0.011	0.85	0.005	18.1	0.101
5	25.65	0.143	19.85	0.110	12.55	0.070	5.95	0.033
6	14.9	0.083	3.65	0.020	4.05	0.023	21.9	0.122
7	1.25	0.007	5.05	0.028	9.65	0.054	28.45	0.158
8	15.8	0.088	11.65	0.065	16.65	0.093	1.2	0.007
9	19.15	0.106	10.8	0.060	6.95	0.039	1.45	0.008
10	17.8	0.099	3.25	0.018	6.15	0.034	7.5	0.042
11	1.75	0.010	17.85	0.099	14.8	0.082	13.75	0.076
12	7.2	0.040	9.45	0.053	3.5	0.019	24.95	0.139
13	8.3	0.046	0.85	0.005	5.9	0.033	8.9	0.049
14	7.85	0.044	2.95	0.016	12.4	0.069	6.6	0.037
15	20.85	0.116	10.6	0.059	5.3	0.029	7.75	0.043

表 5-8 6 号钻孔形变实测数据

时间/d	F1 示数	形变/mm	F2 示数	形变/mm	F3 示数	形变/mm	F4 示数	形变/mm
1	14.2	0.079	15.6	0.087	13.2	0.073	14.15	0.079
2	15.55	0.086	17.7	0.098	9.65	0.054	18.65	0.104
3	16.9	0.094	2.35	0.013	28.35	0.158	9.05	0.050
4	8.8	0.049	12.9	0.072	11.25	0.063	10.75	0.060
5	16.85	0.094	0.2	0.001	19.85	0.110	2.25	0.013
6	7.6	0.042	6.2	0.034	7.2	0.040	10.35	0.058
7	19.8	0.110	3.4	0.019	17.75	0.099	6.45	0.036
8	4.25	0.024	15.1	0.084	19.2	0.107	4.4	0.024

时间/d	F1 示数	形变/mm	F2 示数	形变/mm	F3 示数	形变/mm	F4 示数	形变/mm
9	9.3	0.052	5.2	0.029	13.2	0.073	3.45	0.019
10	6.3	0.035	2.3	0.013	17.55	0.098	19.5	0.108
11	14.5	0.081	17.35	0.096	2.05	0.011	14.7	0.082
12	10.65	0.059	9.85	0.055	2.55	0.014	2.4	0.013
13	12.15	0.068	25.15	0.140	5.75	0.032	10.75	0.060
14	17.4	0.097	21.9	0.122	14.95	0.083	11.75	0.065
15	22.1	0.123	23.45	0.130	23.1	0.128	13.35	0.074

汇总以上实测数据表测得的 0.4 m、0.8 m、1.2 m、1.6 m 四组深度水平下的变形数据，得到同一深度下的坡脚钻孔在排土场边坡下滑力影响下的径缩变形情况，并绘制四组深度条件下的钻孔日均径缩变化量，如图 5-4~图 5-7 所示。

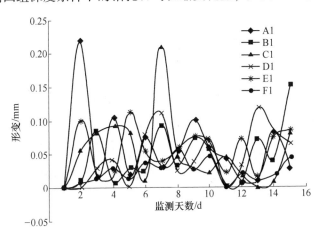

图 5-4　0.4 m 深钻孔日均径缩变化量

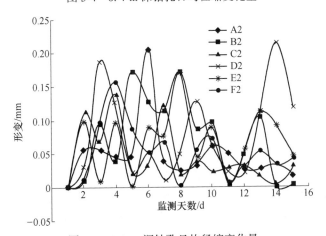

图 5-5　0.8 m 深钻孔日均径缩变化量

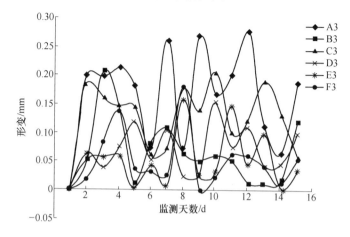

图 5-6　1.2 m 深钻孔日均径缩变化量

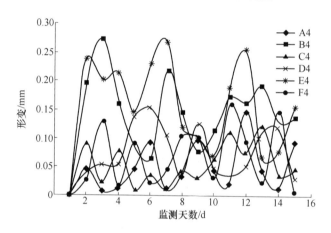

图 5-7　1.6 m 深钻孔日均径缩变化量

由图 5-4~图 5-7 所示，不同深度水平各钻孔变形值呈振荡变化规律，各测点变形量均在 0~0.3 mm，钻孔开挖后受临近边坡偏荷载作用影响变形量不大，从而说明边坡体变形量不大，监测期间边坡体没有产生滑移趋势，边坡稳定性基本能够得到满足。

根据 6 个孔内相同深度安放装置数据得到 0.4 m、0.8 m、1.2 m、1.6 m 深平面钻孔受边坡扰动形变情况，取数据绘制钻孔累计径缩量变化曲线如图 5-8~图 5-11 所示。

由图 5-8~图 5-11 可知，在开孔卸荷的作用下，坡脚钻孔的径缩量处于增加的状态，随着监测天数的增加，个别监测装置测得的最大累计径缩量达到 3 mm，且大部分监测装置测得的累计径缩量变化趋于平稳，说明其达到了最大变形量，钻孔的卸荷作用已经失效，边坡处于稳定状态。

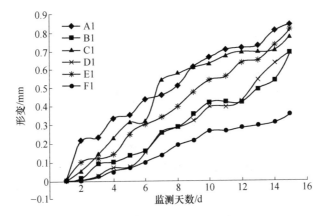

图 5-8 0.4 m 深钻孔累计径缩变化量

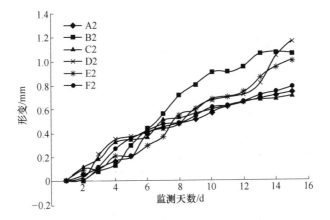

图 5-9 0.8 m 深钻孔累计径缩变化量

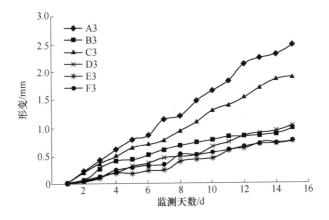

图 5-10 1.2 m 深钻孔累计径缩变化量

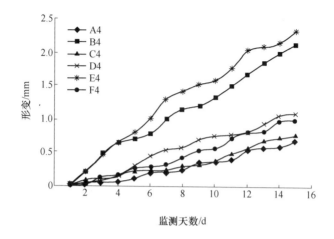

图 5-11　1.6 m 深钻孔累计径缩变化量

5.3　边坡稳定性的极限平衡计算与分析

目前计算机仿真模拟在各工科学科中应用范围广泛，具有成本低、速度快，易学易懂的优点，越来越成为科学研究的重要手段。在工程现场中，数值模拟常被用来计算研究对象的安全性与可靠性，为设计人员预测工程项目的安全与稳定提供重要依据；同时，在实验室研究中，数值模拟的优点更加广泛，尤其在岩土工程领域，大到岩土边坡、矿山采场巷道的稳定与渐进失稳过程计算，小到微裂隙、微结构的演化、发育和破坏的研究都可以采用数值模拟的方式，从宏观形态变化到细观破坏发展的规律通常相当直观，能弥补实验室物理模型与室内试验方面的不足。随着各种模拟计算软件的不断完善，计算机模拟的结果更加准确，计算过程更加直观，数值模拟类的文章正在逐渐被科研工作者们所重视，此类文章在论文期刊中的比例也越来越大[76-83]。本节利用计算机仿真，基于极限平衡方法，开展研究区域边坡在天然状态、降雨状态、振动状态下边坡的稳定性计算。

5.3.1　矿区地质条件与物理力学参数确定

5.3.1.1　地层

矿田内赋存地层由老到新主要有奥陶系中统上马家沟组、石炭系中统本溪组、上统太原组、二叠系下统山西组、下石盒子组、新近系上新统保德组、第四系上更新统马兰组及全新统。区内新近系、第四系广泛覆盖，仅在大的沟谷底部及两侧出露太原组和本溪组地层。

（1）奥陶系中统上马家沟组（O_2s）。该组地层在矿田外西部刘家沟内有少量出露，根据 NZK-47、NZK-48、NZK-11 等钻孔揭露，揭露最大厚度为 293.3 m，岩性上部为土黄、灰黄色白云质灰岩、泥灰岩、角砾状泥灰岩，发育有溶孔，中下部为豹皮灰岩、泥灰岩、白云质灰岩互层。该地层在矿田东部裂隙、岩溶发育，向西部岩层逐渐完整，钻探施工时，东部钻孔在该地层段局部漏水严重，西部施工时岩芯完整，漏水现象很少。

（2）石炭系中统本溪组（C_2b）。该组地层在矿田外西部刘家沟内有少量出露，据钻孔揭露，其厚度为 3.00~45.00 m，平均为 25.44 m。为一套滨海、浅海相沉积岩系。

上部岩性主要为灰黑色具水平层理的粉砂岩或砂质泥岩，含黄铁矿结核；中部含 1~2 层薄层状石灰岩，灰岩中含有生物化石；下部为灰色铝质黏土岩，呈厚层状，含黄铁矿结核，底部为紫色含铝泥岩。

该组地层与下覆奥陶系平行不整合接触。

（3）石炭系上统太原组（C_3t）。该组地层在矿田各沟谷中均有出露，根据地表和钻孔揭露情况，地层厚度为 103.66~112.00 m，平均为 107.83 m。地层总体为东部薄，向西逐渐变厚，属一套由海陆交互相渐变为平原河流相的含煤建造。上部岩性为黑色泥岩、灰黑色砂质泥岩、砂岩及 9 号煤；中部岩性主要为煤层、泥岩、砂质泥岩、砂岩等，煤层主要有 10 号、11 号、12 号、13 号可采煤层，煤层厚度较大；下部岩性主要为砂岩、砂质泥岩及薄层煤线，薄煤线为 14号、15 号、16 号煤，底部以 S_1 砂岩为界与下伏地层整合接触。该组地层为矿田内主要含煤地层之一。

根据岩性组合及沉积特征，将该组划分为三段：

1）太原组一段（C_3t_1）。自 S_1 砂岩底至 L_2 灰岩顶，为一套三角洲平原相沉积物，底部为灰白色粗粒石英砂岩，相当于太原西山的晋祠砂岩，即 S_1 标志层，局部为中-细粒长石石英砂岩。下部为泥岩、粉砂质泥岩、粉砂岩、偶见不稳定薄煤层或煤线（16 号煤层）；中上部有一层或两层白色中-细粒石英砂岩，砂岩成分结构成熟度较高，砂岩底部泥岩中含大量菱铁矿结核，砂岩上部为黏土岩、黏土质泥岩、夹薄煤层（15 号煤层）或煤线。顶部为深灰色生物碎屑灰岩，相当于太原西山的吴家峪灰岩或保德的扒搂沟灰岩，即该区的 L_2 标志层。由于地壳振荡，L_2 灰岩局部有分叉现象，分叉中间沉积的薄煤层为 14 号煤层。该段厚8.58~32.01 m，平均为 19.32 m。

2）太原组二段（C_3t_2）。由 L_2 灰岩顶至 L_3 灰岩顶，矿田内 L_3 灰岩不发育，仅在 NZK-46 号孔可见此层灰岩，因此该段一般由 L_2 灰岩顶至 12 号煤层顶。该段主要为巨厚煤层或煤组即 12 号和 13 号煤层组合，底部为泥岩、炭质泥岩夹煤线，13 号煤层最大厚度达 19.20 m，结构复杂，夹多层黑色泥岩、炭质泥岩等夹矸，煤层上部为泥岩、中-细粒砂岩，顶部为 12 号煤层。该段厚 18.95 ~ 40.20 m，平均为 26.21 m。

3）太原组三段（C_3t_3）。由 12 号煤层顶至 S_2 砂岩底，该段地层为一套平原河流相沉积建造。主要岩性为黑色泥岩、泥岩夹砂岩透镜体，有稳定可采的 9 号、10 号、11 号煤层。其中 9 号煤层之上的 S_2 砂岩常对下部煤层有冲刷现象。该段厚 61.70~80.80 m，平均为 62.30 m。

（4）二叠系下统山西组（P_1s）。该组地层在矿田西北部沟谷中有少量出露，据钻孔揭露地层厚 45.50~68.00 m，平均为 52.92 m。该组为一套以河流相为主的含煤沉积，岩性上部为灰黑色黏土岩及泥岩，含有植物茎叶化石；中部为灰白色中厚层状细砂岩，赋存不稳定的 6 号、7 号、8 号不可采煤层；底部为含砾粗粒砂岩或少量粗粒砂岩。以 S_2 与下伏太原组地层整合接触。

（5）二叠系下统下石盒子组（P_1x）。该组地层在矿田无出露，据钻孔揭露最大残留厚度为 103 m。为一套内陆河、湖相为主的含煤沉积，岩性上部为灰褐色砂质泥岩、砂岩；中下部为灰绿色泥岩、粗粒砂岩；底部以 S_3 粗粒砂岩为界，与下伏山西组地层整合接触。

（6）新近系上新统保德组（N_2b）。该组地层在矿田沟谷中广泛出露，赋存厚度 0~65.85 m，平均厚度为 14.16 m，岩性主要为紫红色亚砂土、砂土、含砾石层。砾石主要为灰岩、硅质岩。磨圆度较好，钙质胶结。与下伏地层呈角度不整合接触。

（7）第四系上更新统马兰组（Q_3）及全新统（Q_4）。该组地层大面积覆盖于各地层之上，厚度为 0~112.50 m，平均 39.18 m，岩性主要为浅黄色亚砂土、砂土，垂直节理发育，直立性好，常形成各种微地貌景观，与下伏地层呈角度不整合接触。全新统为现代沉积，主要分布在矿田各沟谷中，矿田内不发育。

5.3.1.2　地质构造

A　矿区构造

根据《山西省煤炭资源图集》（山西省国土资源厅，2008），矿区位于兴县-石楼南北向褶带北端，为走向近南北（SN）和北北东（NNE）、倾向西（W）的单斜构造。倾角一般 5°~10°。区内波状起伏及断层较为发育。在矿区北部梁家碛至河曲县城之间及南部褶曲发育。北部褶曲走向北东东（NEE）。南部褶曲走向北北东（NNE）和北西（NW）。区内断层分为两组，一组北西（NW）50°~70°，一组北东（NE）10°~50°，前者较为发育。

B　矿田构造

受区域构造范家梁新窑褶皱带的控制，矿田构造形态总体为一轴向北西的褶曲构造，地层倾角一般为 2°~3°，局部为 8°。发育 4 条背向斜，发现 3 条正断层。

褶曲构造：

（1）S_1背斜，位于矿田东北部，轴向NW，向NW倾伏，矿田内延长2250余米，两翼倾角2°~4°，由钻孔和井巷控制。

（2）S_2向斜，位于矿田东部，轴向NNW，其南部向东弯曲，向NNW倾伏，两翼倾角2°~3°，矿田内延长4900余米，由钻孔和井巷控制。

（3）S_3背斜，位于矿田中部，轴向为NNW，其中部略有弯曲，向NNW倾伏，矿田内延长4800余米，两翼倾角2°~7°，由钻孔和井巷控制。

（4）S_4向斜，位于矿田西部，轴向呈"S"形，轴向总体为NNW，向NW倾伏，矿田内延长9000余米，两翼倾角为2°~8°，由钻孔和井巷控制，地表也有出露。

断层：

（1）F_1断层，位于矿田东北部边缘，属正断，层走向NW，反"S"形弯曲，倾向SW，倾角80°，落差20~100 m，矿田内延伸长度约2600 m。由NZK-47、NZK-48（1）、NZK-48（2）、NZK-7及NZK-19钻孔和井巷控制，地表也有出露。

（2）F_2断层，位于矿田东北部边缘，F_1断层西约200 m处，属正断层，走向NW，倾向NE，倾角70°，最大落差约50 m，矿田内延伸长度约1000 m。由井巷控制。

（3）F_3断层，位于矿田首采区东部，属正断层，走向NW，倾向NE，倾角65°，落差5~10 m，矿田内延伸长度约680 m。由采掘揭露控制。

C 岩浆岩

矿田内无岩浆岩侵入现象。

5.3.1.3 工程地质条件

该区属黄土高原的一部分，大部分被黄土覆盖，最大厚度112.50 m，固结差，垂直节理发育。地表由于受后期风蚀，流水侵蚀作用的影响，形成以刘家沟、铺沟、旧县河为主沟的树枝状冲沟，地形复杂，支离破碎。沟谷以向源侵蚀为主，横断面上游呈"V"字形，中下游呈"U"字形，纵断面坡度较大，对集中排泄地表汇集而成的洪水起着良好的作用。首采区内沟谷仅在雨季时汇集表流形成较大流量，对冲沟产生的强烈下切侧蚀，使沟谷加长加深。在切割较深的沟谷边缘，因黄土垂直节理发育，受自重应力及流水侧蚀的影响，常见规模不大的崩落、滑塌。黄土自然斜坡大部分在30°~40°，在局部冲沟的沟头见有高10余米近直立的黄土陡壁；第三系红土层自然斜坡在40°~50°。井田内地表大部分为黄土覆盖，沟谷中有基岩出露，黄土下部为一层红黏土。

据钻孔揭露土层之下即为含煤地层二叠系山西组和石炭系太原组。13号煤层底板以上岩石为泥岩、砂质泥岩、粉砂岩、细砂岩、中粒砂岩、粗砂岩。大部岩石为较坚硬岩石（30 MPa$<R_c<$60 MPa），少部分为较软岩（15 MPa$<R_c<$

30 MPa) 和坚硬岩石 (R_c>60 MPa)。

5.3.1.4 水文条件

该区域位于山西台地西北部吕梁隆起北段西翼与鄂尔多斯盆地东缘的交接部位。地处黄土高原,西临黄河,地势东高西低,最大相对高差266.5 m。黄土地貌是该区地貌形态的主体,以黄土梁、峁为主,并发育大量黄土冲沟,在黄河岸边发育有四级河流阶地,构造总体为北西西和北西向,规模较大的构造主要发育在区域中西部,北部、东部构造比较简单,主要有铁匠铺地堑和天桥地垒构造,以张性断裂为主,其中铁匠铺地堑构造穿过黄河,导水性良好,和黄河发生直接联系。

矿田西边界紧临黄河,据河曲县水文站资料(县水文站),黄河历年最高洪水位851 m;最低水位844.38 m,枯水期流量为50 m³/s;洪水期流量为5060 m³/s,流经阳面村的历年最高水位为843.52 m。矿田内沟谷平时基本干枯无水,只有雨季时才有洪水排泄,自东而西流入黄河,属黄河流域黄河水系。

矿田北界处的县川河属黄河流域县川河水系,河长109 km,平均宽14.18 m,流域面积1610 km²,河流坡度6.53‰。基本常年有水。

5.3.1.5 地震

根据《中国地震动参数区划图》(GB 18306—2001)划分,该区地震动峰值加速度(g)为0.05,对照烈度为6度。

5.3.1.6 岩土力学性质分析

项目研究区域为选煤厂东侧内排土场边坡,研究区域边坡组成为上部排弃物料累计排弃高度约101 m。排弃物料为煤层顶板以上的粉砂质泥岩、砂质泥岩、泥岩、黄土和砂土等混合物料。排弃物料中部为早期开采排弃的碎石,排弃高度约24 m。排土场基底为煤层底板,基底以泥质岩类为主,局部为黏土岩类,强度较高,但其中泥质岩类遇水易膨胀、崩解、强度亦降低。

由于没有排土场稳定计算所必需的不同配比的排弃物料物理力学性质试验资料,稳定性计算时天然岩土力学参数按照露天煤矿前期开展的边坡稳定性研究报告确定,饱和岩土力学参数,参考附近地区已开采的矿山的排土场排弃物料参数,并结合经验数据确定。稳定性验算时使用岩土体力学参数见表5-9。

表5-9 岩土体力学参数表

岩石类型	容重/kN·m⁻³	天然状态		饱和状态	
		黏聚力/kPa	内摩擦角/(°)	黏聚力/kPa	内摩擦角/(°)
排弃物料	20.1	20	23	12	13.8
碎石+土	20.3	35	26	21	15.6
泥岩	23.1	85	36.5	51	21.9
黄土	18.9	22	26	13.2	15.6

续表5-9

岩石类型	容重/kN · m⁻³	天然状态		饱和状态	
		黏聚力/kPa	内摩擦角/(°)	黏聚力/kPa	内摩擦角/(°)
煤	13.8	45	27	27	16.2

5.3.2 考虑降雨影响的边坡稳定性分析

考虑研究区域范围，选取 4 个典型位置进行边坡稳定性计算，典型剖面的平面位置如图 5-12 所示。

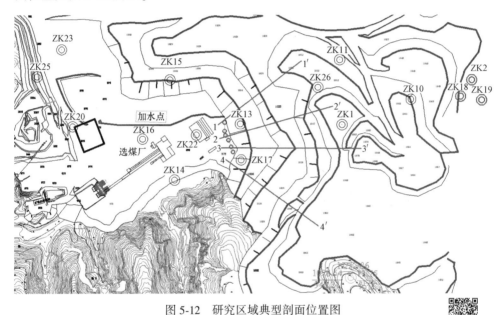

图 5-12 研究区域典型剖面位置图

为方便后期数值计算模型的建立，首先利用三维矿山建模软件和 AutoCAD 建立研究区域的排弃现状模型、设计终了排土场模型、煤层顶底板模型、原始地表模型等实体面模型，然后利用自动切割实体面模型生成剖面功能建立典型位置剖面图。2-2′位置典型剖面图如图 5-13 所示。由图 5-13 可知，研究区域排弃终了时共堆积形成 4 个台阶，单台阶角度为散体物料自然安息角 33°，设计排弃边坡高度 101 m，边坡角度 21°。

5.3.2.1 现状边坡稳定性分析

根据研究区域排弃现状验收图纸，建立研究区域排弃现状模型，结合前述建立好的各层位模型，利用三维矿山设计软件切割生成各典型位置剖面图，利用 AutoCAD 整理各剖面模型，形成闭合面域，导入极限平衡数值计算软件中进行边坡稳定性计算。各典型剖面计算结果如图 5-14~图 5-17 所示。

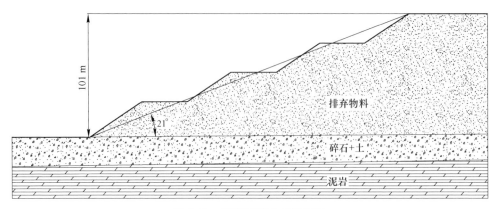

图 5-13   研究区域 2-2′剖面图

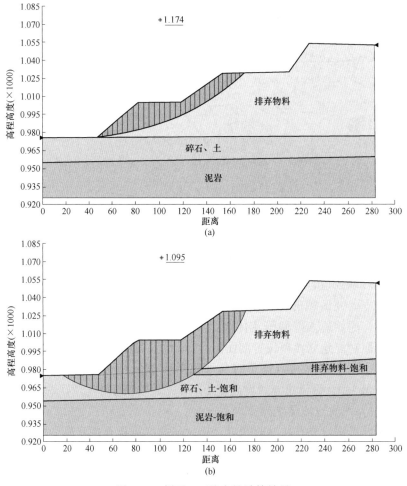

图 5-14   剖面 1-1′稳定性计算结果

（a）天然状态下边坡稳定性计算结果；（b）暴雨状态下边坡稳定性计算结果

彩图
请扫码

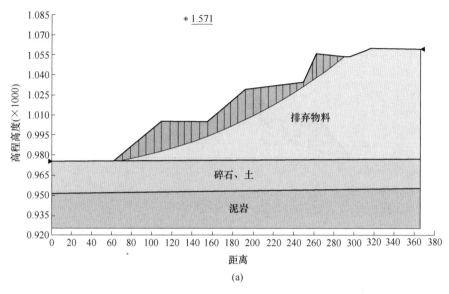

(a)

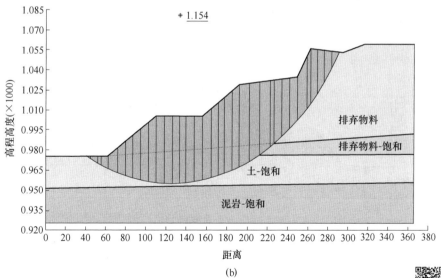

(b)

图 5-15 剖面 2-2′稳定性计算结果

（a）天然状态下边坡稳定性计算结果；

（b）暴雨状态下边坡稳定性计算结果

彩图
请扫码

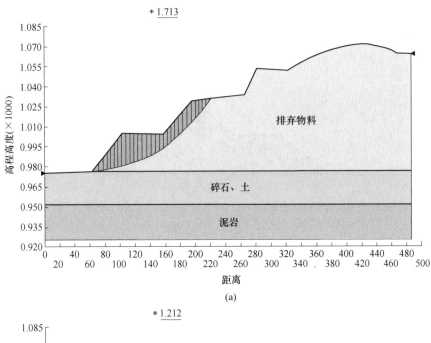

(a)

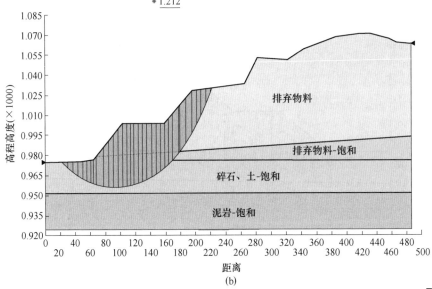

(b)

图 5-16　剖面 3-3′稳定性计算结果

（a）天然状态下边坡稳定性计算结果；

（b）暴雨状态下边坡稳定性计算结果

彩图
请扫码

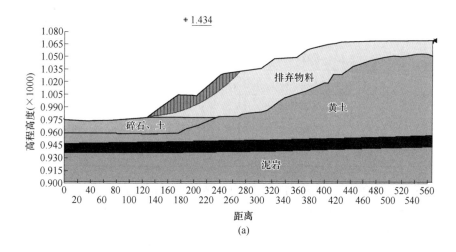

(a)

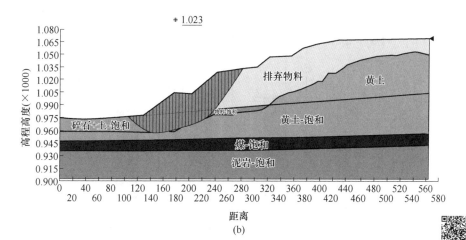

(b)

图 5-17 剖面 4-4′稳定性计算结果

（a）天然状态下边坡稳定性计算结果；（b）暴雨状态下边坡稳定性计算结果

彩图
请扫码

分别计算各典型剖面在天然状态、饱水状态两种工况条件下边坡的稳定性系数，各剖面稳定性评价结果见表 5-10。

表 5-10 现状边坡稳定性计算结果

名　称	工　况	安全系数	评价结果
1-1′	天然状态	1.174	基本稳定状态
	暴雨状态	1.095	欠稳定状态

续表 5-10

名　称	工　况	安全系数	评价结果
2-2′	天然状态	1.571	稳定状态
	暴雨状态	1.154	基本稳定状态
3-3′	天然状态	1.713	稳定状态
	暴雨状态	1.212	稳定状态
4-4′	天然状态	1.434	稳定状态
	暴雨状态	1.023	欠稳定状态

根据表 5-10 可知，天然状态下现状边坡整体稳定性均在 1.15 以上，边坡处于基本稳定状态，整体边坡的稳定性满足生产作业的要求。图 5-18 为典型剖面不同工况安全系数柱状图。

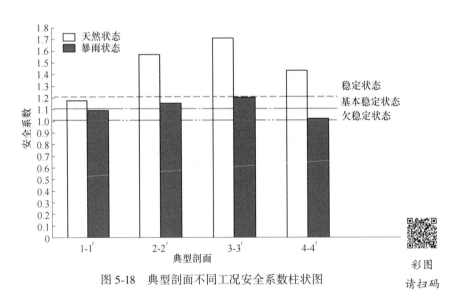

图 5-18   典型剖面不同工况安全系数柱状图

彩图
请扫码

当边坡受到持续暴雨影响时，水位线以下岩土体材料处于饱水状态，岩土体的黏聚力、内摩擦角等参数大幅度降低，此时边坡的稳定性系数存在小于 1.1 的情况，边坡处于欠稳定状态，有滑塌风险。由图 5-18 可知，暴雨状态时的安全系数较天然状态时的安全系数均有较大幅度降低。其中，1-1′剖面安全系数由 1.174 降低到 1.095，降低 6.7%；2-2′剖面安全系数由 1.571 降低到 1.154，降低 26.5%；3-3′剖面安全系数由 1.713 降低到 1.212，降低 29.2%；4-4′剖面安全系数由 1.434 降低到 1.023，降低 28.7%。暴雨状态时安全系数的大幅度降低说明水对边坡稳定性具有重大危害，雨水入渗使得边坡土层的体积含水率与孔隙水压力逐渐变大，土体强度参数弱化，抗剪强度减弱，边坡安全系数与可靠度指标也随之降低，边坡失稳概率增加。

5.3.2.2 设计边坡稳定性分析

根据研究区域排土场到界停排设计图纸，建立研究区域三维排弃终了状态模型，结合前述建立好的各层位模型，利用三维矿山设计软件切割生成各典型位置剖面图，利用 AutoCAD 整理各剖面模型，形成闭合面域，导入极限平衡数值计算软件中进行边坡稳定性计算。对于终了边坡稳定性验算考虑了最危险滑面、整体边坡稳定性、饱水边坡稳定性三个方面。各剖面计算结果如图 5-19~图 5-22 所示。

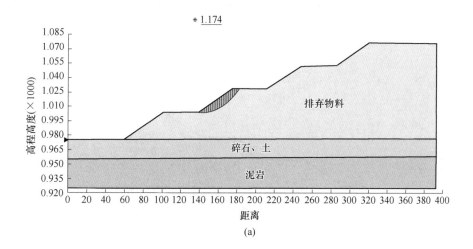

(a)

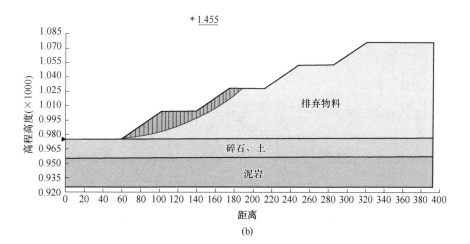

(b)

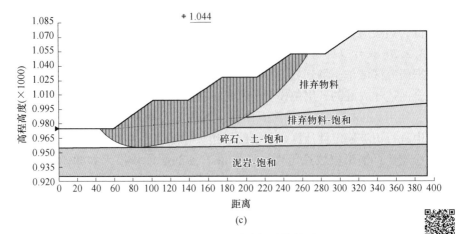

(c)

图 5-19　剖面 1-1′稳定性计算结果

(a) 天然状态下单台阶稳定性计算结果；

(b) 天然状态下边坡整体稳定性计算结果；(c) 暴雨状态下边坡稳定性计算结果

彩图

请扫码

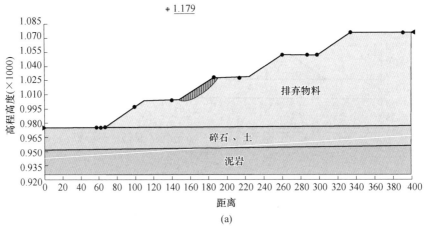

(a)

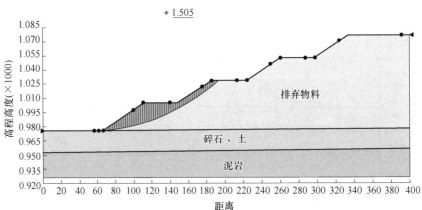

(b)

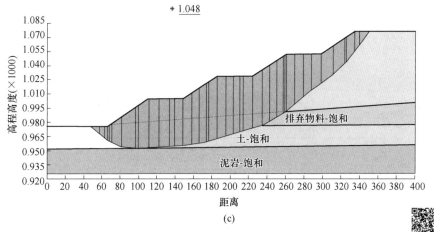

(c)

图 5-20 剖面 2-2′稳定性计算结果

（a）天然状态下单台阶稳定性计算结果；（b）天然状态下边坡整体稳定性计算结果；（c）暴雨状态下边坡稳定性计算结果

彩图
请扫码

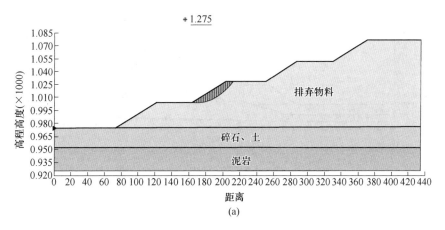

(a)

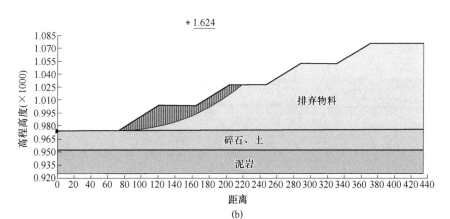

(b)

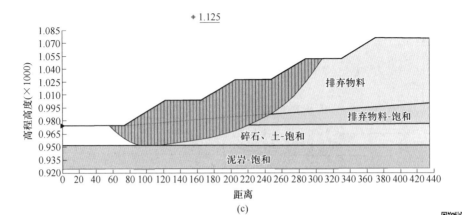

(c)

图 5-21　剖面 3-3′稳定性计算结果

（a）天然状态下单台阶稳定性计算结果；（b）天然状态下边坡整体稳定性计算结果；
（c）暴雨状态下边坡稳定性计算结果

彩图
请扫码

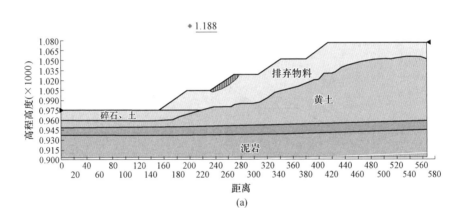

(a)

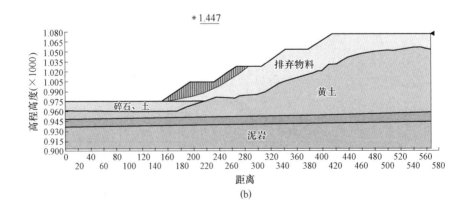

(b)

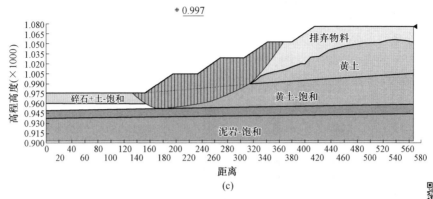

图 5-22 剖面 4-4′稳定性计算结果

（a）天然状态下单台阶稳定性计算结果；（b）天然状态下边坡整体稳定性计算结果；
（c）暴雨状态下边坡稳定性计算结果

彩图
请扫码

采用自由搜索最危险滑移面模式，分别计算天然状态、暴雨状态下边坡的安全系数。天然状态下计算时自由搜索所得滑面均为单台阶滑动情况，为方便判断整体边坡稳定性，提供了整体边坡滑移时的计算结果和安全系数。暴雨状态时最危险滑移面均贯穿整个边坡体，因此不再考虑单台阶边坡稳定性情况。各剖面稳定性评价结果见表 5-11。

表 5-11　现状边坡稳定性计算结果

名　　称	工　况	安全系数	评价结果	备　注
1-1′	天然状态	1.174	基本稳定状态	单台阶
		1.455	稳定状态	整体台阶
	暴雨状态	1.044	欠稳定状态	
2-2′	天然状态	1.179	基本稳定状态	单台阶
		1.505	稳定状态	整体台阶
	暴雨状态	1.061	欠稳定状态	
3-3′	天然状态	1.275	稳定状态	单台阶
		1.624	稳定状态	整体台阶
	暴雨状态	1.125	基本稳定状态	
4-4′	天然状态	1.188	基本稳定状态	单台阶
		1.447	稳定状态	整体台阶
	暴雨状态	0.997	欠稳定状态	

由表 5-11 可知，设计排弃终了边坡在天然状态下稳定性能给得到满足，安全系数均高于《露天煤矿工程设计规范》（GB 50197—2005）中对内排土场永久边坡安全系数的要求。为对比分析不同工况下边坡的稳定性系数，绘制各剖面在不同工况下的安全系数柱状图，如图 5-23 所示。

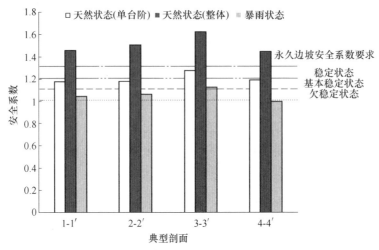

彩图
请扫码

图 5-23　各剖面安全系数柱状图

由图 5-23 可知，整体边坡安全系数在天然状态时均大于 1.3，稳定性满足设计规范要求，单台阶边坡安全系数在 1.1~1.3 之间处于基本稳定状态。暴雨条件下边坡安全系数在 1.0~1.1 之间，处于欠稳定状态，边坡受持续暴雨影响有失稳滑塌的风险。当边坡受持续暴雨影响，岩土体力学参数逐渐弱化，当岩土体力学参数达到饱水状态时边坡安全系数发生大幅度降低。1-1′剖面由天然状态到饱水状态安全系数降低 28.2%，2-2′剖面由天然状态到饱水状态安全系数降低 29.5%，3-3′剖面由天然状态到饱水状态安全系数降低 30.7%，4-4′剖面由天然状态到饱水状态安全系数降低 31.1%。由此可见，水对边坡稳定性的影响较大，露天矿内排土场排弃终了后仍需做好边坡的防排水工作。

5.3.3　考虑振动影响的边坡稳定性分析

5.3.3.1　计算模型建立

软件建模过程极其友好，主要有两种方式供用户选择：（1）直接绘图，在绘图区域按照坐标点与比例尺绘制模型，无需命令输入，适合用于简单几何地层模型的建立，方便快捷；（2）CAD 图形导入，在 CAD 中绘制各地层与边坡的范围位置，然后使用 boundary 命令使其形成封闭边界，以 dxf 格式保存图形文件并导入软件之中，适合用于不规则几何地层模型与复杂模型的建立，非常人性化。

本章采用第 2 种建模方式直接在 QUAKE/W 模块中建立模型与划分网格，如图 5-24 所示。

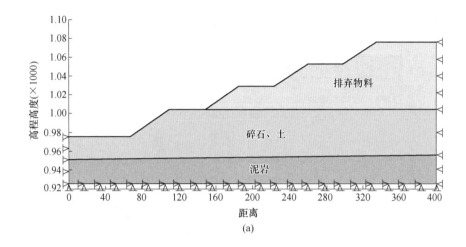

(a)

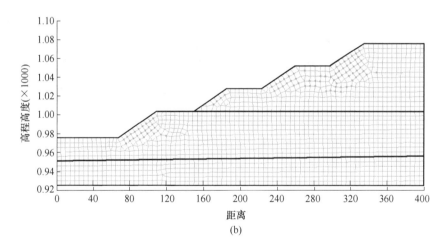

(b)

图 5-24　建立数值模拟模型

（a）边坡模型及边界条件；（b）模型网格划分

进入 QUAKE/W 模块首先选择初始静态作为分析类型，计算在重力条件下边坡的应力分布情况。按照表 5-9 所示的泥岩、碎石+土、排弃物料的强度参数设置材料属性，然后划分网格。在模型的边界条件方面，边坡基底面采用 x、y 双向约束，模型左、右侧面均采用 x 方向约束，然后对初始静态条件下边坡的原始应力进行计算，应力分布如图 5-25 所示。

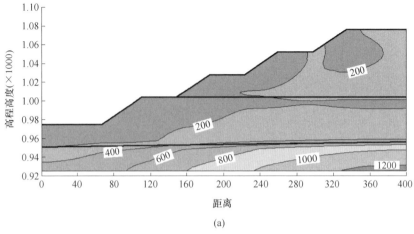

(a)

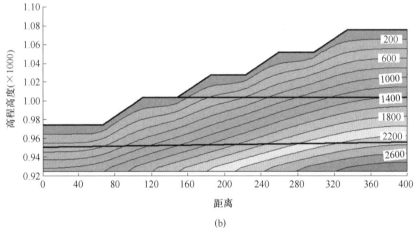

(b)

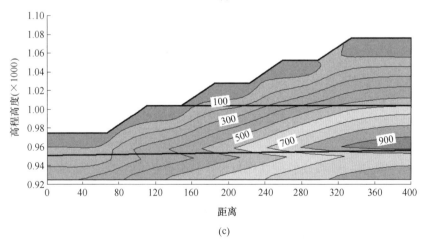

(c)

图 5-25　初始应力分布

（a）x 方向总应力；（b）y 方向总应力；（c）最大剪应力

y 方向的总应力即为模型的竖直向自重应力 σ_{sz}，数量上等于土体单位面积上土柱的质量，当由不同容重的几个地层组成时，自重应力为：

$$\sigma_{sz} = \gamma_1 H_1 + \gamma_2 H_2 + \cdots = \sum_{i=1}^{n} \gamma_i H_i \qquad (5\text{-}1)$$

式中，n 为地层数；γ_i 为第 i 层地层的容重；H_i 为第 i 层地层的厚度。x 方向的总应力即为水平向自重应力 σ_{sx}、σ_{sy}，利用土力学中土体水平向自重应力的计算方法，在侧限条件下，$\varepsilon_x = \varepsilon_y = 0$，$\sigma_{sx} = \sigma_{sy}$，根据广义胡克定律得：

$$\sigma_{sx} = \sigma_{sy} = K_0 \sigma_{sz} \qquad (5\text{-}2)$$

式中，K_0 为侧压力系数，$K_0 = \dfrac{\mu}{1-\mu}$。

在剪应力计算方面，采用的破坏理论基于莫尔-库仑破坏理论，其破坏公式为 $\tau_f = c + \sigma \tan\phi$，从式中可知，黏聚力与内摩擦角为决定材料抗剪强度的指标，在本书中没有将水压力作为研究对象，故不考虑有效应力变化引起的强度变化。

由图 5-25 可知，由于各层材料属性的差异，造成在层与层的交界面上初始应力的突变，尤其在剪应力方面表现明显，分层之间出现等值线跳跃的情况。

5.3.3.2　地震作用下边坡稳定性分析

以 QUAKE/W 初始静态模型作为父项模型建立动力分析模型，将如图 5-26 所示的一段 10 s 的地震加速度时程曲线导入动力分析中，该段地震加速度时程曲线来自汶川地震，由图可知，加速度峰值达到 0.4 g 且强震动持续时间较长。在动力分析时在各台阶坡脚与坡顶处共设置 9 个历程点，用于记录该点在整个动力分析中位移、应力、速度、加速度等的变化情况，由左至右分别为历程点 1~9，各历程点的布置如图 5-27 所示。模型左右两侧的边界条件不变，以导入的时程曲线作为模型底面的边界条件。

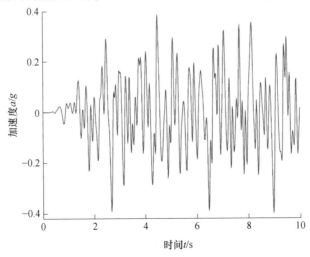

图 5-26　地震加速度时程曲线

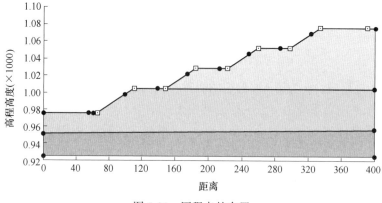

图 5-27 历程点的布置

计算过程中地震荷载持续时间为 10 s，计算结果每 1 s 存储一次，对地震荷载加载过程中的位移、应力等进行观测。表 5-12 所示为整体边坡与各台阶的安全系数并绘制如图 5-28 所示折线图。

表 5-12 分时步安全系数

时间/s	第一台阶	第二台阶	第三台阶	第四台阶	整体边坡
0	1.579	1.345	1.371	1.483	1.683
1	1.338	1.233	1.276	1.276	1.665
2	0.169	0.23	0.224	0.155	0.856
3	0.081	0.113	0.11	0.074	0.528
4	0.078	0.109	0.106	0.046	0.514
5	0.085	0.119	0.115	0.05	0.547
6	0.136	0.187	0.182	0.081	0.753
7	0.249	0.437	0.392	0.38	0.01
8	0.054	0.103	0.093	0.089	0.002
9	0.034	0.066	0.06	0.057	0.001
10	0.024	0.047	0.036	0.041	0.001

图 5-29 为地震作用 10 s 后排土场整体边坡位移矢量与滑面滑体范围。

从图中可以看出排土场边坡在强震的作用下，边坡整体位移剧烈，主要表现为以下 7 个特点：

（1）比较大的位移发生在模型两侧，尤其是左侧。

（2）在边界 x 方向约束的条件下，通过图 5-29（c）可以看出，由于滑体范

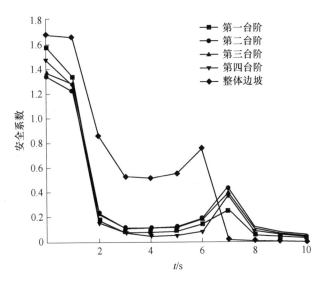

图 5-28　分时步安全系数

围巨大，边坡整体运动的趋势类似顺时针方向旋转，由图 5-29（b）位移矢量的局部放大图可以确定其旋转中心为（220，1010）。

（3）右侧边坡体排弃物料在地震作用下向下发生压实，在发生压实的过程中由于坡体内各个位置向下位移值的差异而产生了剪应力，一旦剪应力超过了坡体本身的抗剪强度就会使该位置坡体破坏，从而产生滑坡。

（4）滑体体积为 3.1×10^4 m³左右，由滑体自身产生的主动力达到 4.3×10^8 kN，在其滑移的过程中使基底岩石受到挤压变形，由此产生的弹性变形能与挤压力在水平方向的分力形成推动基底的巨大推力将左侧土体与基底泥岩从原位置向上挤出，从而形成滑体的剪出口，同时在泥岩层产生剪应力集中，最大剪应力达到 2.2×10^6 kPa，如图 5-30 所示。

（5）从第 1 s 强地震作用开始时边坡各台阶与边坡整体的安全系数急剧下降，说明震动造成了边坡体强度参数严重弱化，排土场是由散碎岩土体经人工压实形成，其内部本就缺少完整的力学结构，在抵抗外力破坏方面更弱。

（6）0~1 s 是地震作用较弱，可视为弱地震作用，不可避免的是在弱地震期间排土场边坡整体与各台阶的安全系数依然降低，但降低幅度较小，此时边坡仍可视为处于稳定状态。

（7）在分时步存储中发现，边坡体在受到地震作用的 2 s 后安全系数就已经降至 1 以下，具体见表 5-12，说明该边坡对地震作用尤其是大型地震的抵抗作用弱，若有大型地震发生，该边坡危险性极高。

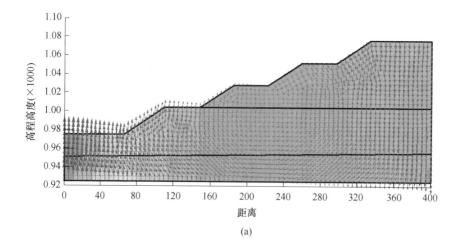

(a)

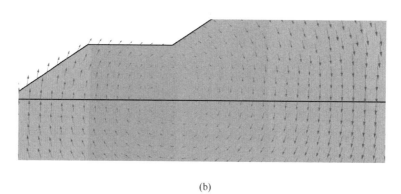

(b)

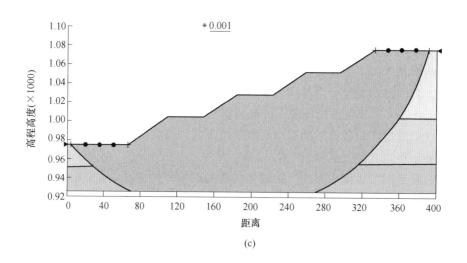

(c)

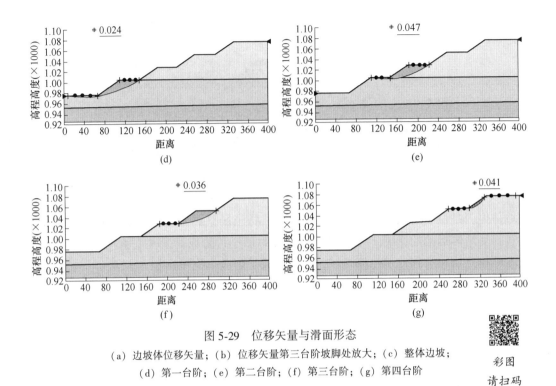

图 5-29 位移矢量与滑面形态

（a）边坡体位移矢量；（b）位移矢量第三台阶坡脚处放大；（c）整体边坡；
（d）第一台阶；（e）第二台阶；（f）第三台阶；（g）第四台阶

彩图
请扫码

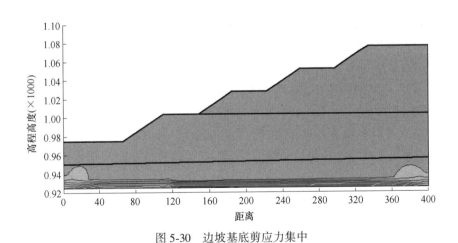

图 5-30 边坡基底剪应力集中

　　相应地，人为去除模型两侧 x 方向约束的边界条件，只保留地震荷载，边坡模型的位移矢量如图 5-31 所示。与图 5-29（a）所示位移矢量相比，一方面，无边界约束时边坡整体依然有顺时针旋转的趋势，不同的是其旋转中心不再位于边

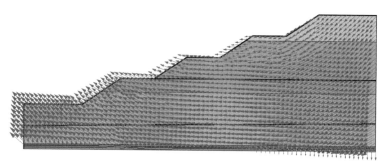

彩图
请扫码

图 5-31　边坡基底剪应力集中

坡体内而是位于滑面圆心位置；另一方面，排土场基底泥岩层仍是应力集中的位置，受滑体运动的影响，处于剪出口位置的第一台阶坡脚及基底被向上方挤出，右侧排弃物料滑移并挤压泥岩层，同时造成了剪应力集中。

5.4　本 章 小 结

本章节以实际工程为案例，介绍了前述章节中自主研发的边坡稳定性监测装置在实际工程中的应用，利用极限平衡方法分析了研究区域边坡在天然状态、饱水状态、振动状态下的稳定性与失稳特征，主要得到了如下结论：

（1）根据研究区域范围共布设 6 个监测孔，累计钻孔深度 9.6 m；各监测孔布设 4 个监测点位，进行不同深度水平边坡变形监测。监测结果表明：钻孔每日压缩变形量呈波动状态，波动范围在 0~0.3 mm 之间；监测期间钻孔累计变形量不足 3 mm；监测期间钻孔并未发生较大变形，说明边坡体未产生滑移趋势，边坡稳定性状态较好。

（2）以极限平衡法为理论基础，采用 GEO-Slope 软件进行边坡安全系数求解，对边坡稳定性进行评价。对四个典型剖面进行分析计算，总共分析了内排土场现状边坡、设计边坡在天然状态、暴雨饱水状态不同工况下的边坡稳定性。计算结果表明现状边坡、设计终了边坡在天然状态下的稳定性基本满足安全要求，而在暴雨饱水状态时边坡安全系数在 1.0 左右，边坡处于欠稳定状态，有失稳滑塌的风险。暴雨饱水状态为边坡失稳分析的极限状态，一般难以达到此种情况，但考虑到研究区域边坡为永久边坡，且临近重要建筑物，建议矿山采取相应的边坡防护措施。

（3）强震作用下，排土场强度参数严重弱化，使边坡本身抵抗外力的能力下降，强震施加 1 s 后，排土场的安全系数就开始骤降至 1.0 以下，边坡最终随着地震作用的持续而遭到破坏。地震作用给边坡体造成整体性的边坡位移，在滑体滑移过程中对基底岩层的挤压、错动使基底岩层产生剪应力集中进而引起基底破坏，强震使排土场边坡整体失稳。弱地震期间排土场边坡安全系数降低幅度小，滑坡风险较低。

6 振动作用下软弱基底散体边坡失稳试验研究与分析

爆破、采掘、剥离、运输等是露天矿正常生产活动必需的工作环节[84]。除了自然因素，现场的很多工程活动也会对边坡稳定性产生一定影响，而工程活动产生的振动就是其中一种。对于排土场边坡稳定性的问题，国内外学者一般采用相似模拟试验与数值模拟的手段在考虑土石粒径、地下水、降水、基底性质和排土方式等诸多因素下，开展滑坡机理与稳定性分析研究[85-87]。在粒径级配对排土场边坡的影响研究方面，任伟等通过模拟排土过程统计了排弃物料粒径分级与分布情况[88]；张春等利用现场直剪试验与数值模拟研究了由物料粒径分级形成的物料强度变化对排土场边坡潜在滑移面的影响[89]；张晓龙等在 FLAC3D 中建立了粒径分级排土场模型，认为考虑粒径分级能提高排土场的安全系数[90]；王光进等运用 FLAC3D 研究了超高排土场物料强度与粒径分级对于边坡稳定性的影响[91]。在振动对边坡的研究方面，刘婧雯等模拟了地震作用下堆积体边坡的抛出情况，认为岩体的抛出与否在于裂纹角度与竖向加速度的组合关系[92]；刘树林、贾向宁等利用振动台进行了岩质边坡的模拟试验，指出了频发微震与强震作用下岩质边坡内破坏面的贯通发展过程以及响应机制[93-94]；梁冰等运用数字散斑观测技术对黑岱沟露天矿内排土场抛掷爆破室内模型进行观测[95]；朱晓玺等以某矿排土场地质模型建立了 ANSYS 数值模型，通过将现场监测的爆破加速度响应方程导入边坡体，得到了边坡震动破坏的临界频率与速度[96]；樊秀峰等研究了交通载荷产生的振动加速度对土、岩坡的稳定性影响[97]。

6.1 试验装置研制

6.1.1 试验系统设计

为达到试验条件并满足试验要求，试验仪器采用了第 2 章介绍的自行研发的一种块体堆积散体边坡稳定性模拟试验装置。试验系统包括试验台系统、振动与辅助系统和底座系统。与二维试验台相比，通过加大横向尺寸实现了观测试验模型边坡面滑体滑移情况，消除了边界效应与尺寸效应。试验台系统包括试验台和有机玻璃板，有机玻璃板通过框架与试验台连接，试验台的台面尺寸为 100 cm×

100 cm，底部覆盖一层粗糙层；透明有机玻璃板高度为100 cm，起到约束模型的作用并有利于观测散体边坡侧面试验现象。振动与辅助系统包括振动器、变频器与承重弹簧，振动器固定于试验台下方，其最高激振频率48 Hz/s，最高激振力3.5 kN，功率0.75 kW，变频器为单相220 V变频器，型号为V0007M1，与振动器导线相连，控制其运转频率；承重弹簧由高强度优质钢制成，直径为8 cm、高度为20 cm。底座系统通过螺丝与地面基础连接，起到固定整个试验装置的作用。块体堆积散体边坡稳定性模拟试验装置实物如图6-1所示。

图 6-1　块体堆积散体边坡稳定性模拟试验装置

试验装置选用的振动器为异步电机，而变频器的可调控范围为0~50 Hz，可以通过调节接入振动器的工作电源频率来控制其振动频率，该振动类型为定频振动。

6.1.2　监测设备的选择

对于试验台振动作用的监测则采用如图6-2所示的深圳维特智能科技有限公

图 6-2　BMI 160 姿态传感器

司生产的 BMI 160 姿态传感器，包括传感器主体与 HID 适配器，其集成了三维陀螺仪、三轴加速度计、三轴欧拉角、三轴磁场测量，采用高性能的位处理器和先进的动力学解算与卡尔曼动态滤波算法，能够快速求解出产品当前的实时运动姿态，同时，还集成了姿态解算器，能够在动态环境中准确输出产品的当前姿态，姿态测量静态精度 0.05°，稳定性极高。具体参数见表 6-1。

表 6-1 姿态传感器参数

序号	参 数	描 述
1	质量	14 g
2	核心模块	WT 901
3	电压范围	3.3~5 V
4	电流	<25 mA
5	体积	51.3 mm×36 mm×15 mm
6	测量维度	加速度：3 维；角速度：3 维；磁场：3 维
7	量程	加速度：$\pm16\,g$；角速度：$\pm2000(°)/s$，角度：XZ $\pm180°$，Y $\pm90°$
8	分辨率	加速度：$6.1\times10^{-5}g$；角速度：$7.6\times10^{-3}(°)/s$
9	稳定性	加速度：0.01 g；角速度：0.05$(°)/s$
10	姿态测量稳定度	0.01°
11	数据传输内容	时间、加速度、角速度、角度
12	回传速率	0.1~200 Hz
13	波特率	115200 bps

在试验过程中传感器主体安装于振动台中心处，HID 适配器通过 USB 接口连接电脑，采集如图 6-3 所示 x，y，z 三个方向的振动数据，传感器处于水平静止状态时，各方向上的加速度 $a_x = a_y = -0.03\ g$，$a_z = 1.06\ g$。

传感器配有专门的上位机程序，如图 6-3 所示。数据传输远程连接电脑端，传输带宽设置为 200 Hz，即每秒返回 200 次加速度数据，单位为 g，并能显示实时加速度时程曲线，并进行数据保存。

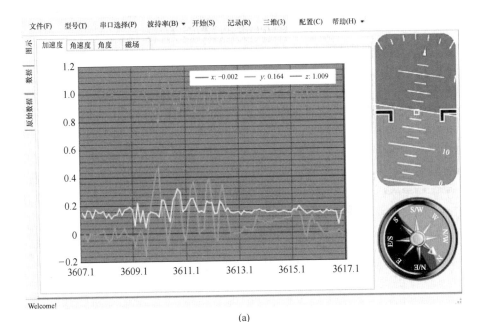

(a)

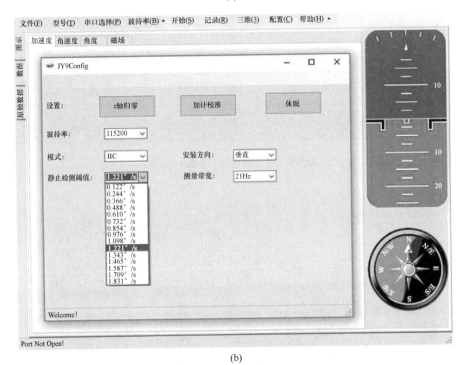

(b)

图 6-3 配套的上位机程序

（a）加速度时程曲线；（b）上位机设置界面

6.2　相似模拟试验方案

6.2.1　试验区段选择

本书研究的工程背景为露天煤矿选煤厂东侧内排土场，距边坡 50 m 左右为施工单位活动板房且有人居住。此边坡稳定直接关系到工人安全以及选煤厂的正常运作，排土场研究区域作为永久边坡的存在，不同于随工作帮推进而推进的内排土场临时边坡。该内排土场在原有堆积碎石、土混合物料上排弃，基底标高+975.0 m。如第 4 章所述，研究区域排弃终了时共堆积形成 4 个台阶，单台阶角度为散体物料自然安息角 33°，设计排弃边坡高度为 101 m，边坡角度为 21°，典型剖面位置图如图 6-4 所示，相似模拟所选择的典型剖面为 2-2′剖面，排土场现状如图 6-5 所示。

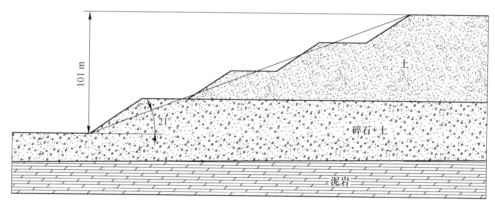

图 6-4　研究区域典型剖面位置图

图 6-5　排土场现状

由于 1-1′剖面与 4-4′剖面位于所研究排土场边坡与其他地质体交界的边缘，边界效应显著，不利于反映该研究对象的整体特征；若选择此二剖面为典型研究剖面并进行相似模拟试验，反映出的规律将是该排土场边坡与其他地质体交界处边界效应对边坡整体的影响，而非高陡永久硬岩土复合边坡渐变效应与维稳关键技术措施研究的范畴。

3-3′剖面附近处沿边坡走向方向发生了向选煤厂方向趋近的变化，在此处发生了走向的变化，且 3-3′剖面上+1028.0 m 水平运输平盘宽度远大于同一水平标高运输平盘的平均宽度，同时，3-3′剖面上+1052.0 m 运输平盘的宽度远小于同一水平标高运输平盘的平均宽度，以 3-3′剖面作为相似模拟典型剖面所得到的剖面形状与所研究排土场实际边坡的绝大部分都不相符，模拟结果没有代表性，以上是不选择 3-3′剖面作为相似模拟典型剖面的原因。

故选取 2-2′剖面作为相似模拟典型剖面。

6.2.2 试验材料选取

对于散体粗粒土，参考文献 [98] 给出了工程上常用的粗粒土衡量指标平均粒径 $\bar{D}$ 计算公式：

$$\bar{D} = \sum (R_i \times D_i) / \sum R_i \tag{6-1}$$

式中，D_i 为某粒径组中值；R_i 为该粒径组所占的百分率。

经计算，第一台阶平均粒径 $\bar{D}_1$ 为 9.26 mm，第一台阶以上平均粒径 $\bar{D}_2$ 为 1.05 mm。

相似模拟的材料为筛分后的细砂与石子，选择了 0~0.25 mm、0.25~0.5 mm、0.5~1 mm、1~10 mm、10~20 mm 与 20~40 mm 六个块度组，如图 6-6 所示。而针对排土场现场取样粒径分析与相似模拟试验的要求，以+1004.0 m 水平标高作为分界，+1004.0 m 以上的第二、三、四级台阶基本不含大块度碎石，采用表 6-2 所列粒径级配。而+1004.0 m 以下的第一台阶含大块度碎石量多，颗粒平均粒径 $\bar{D}$ 较大，对其粒径级配重新调整并加入大粒径材料，调整后的粒径级配见表 6-3。

为了比较研究该排土场与传统排土场的区别，相似模拟实验采用设置对比实验的方法进行分析研究，即针对+975.0 m 水平标高至+1004.0 m 水平标高的第一级台阶的物料成分含量的不同展开对比试验。在对比实验中，模型整体采用表 6-2 中粒径级配进行实验。

由现场坡体材料与模型材料经室内试验得到的容重 γ、内摩擦角 φ、黏聚力 c 见表 6-4。

图 6-6 经过筛分后的试验材料

表 6-2 +1004.0 m 以上相似模拟材料块度级配

粒径分组/mm	0~0.25	0.25~0.5	0.5~1	1~10
含量/%	18.74	45.31	23.68	12.27

表 6-3 +1004.0 m 以下相似模拟材料块度级配

粒径分组/mm	0~0.25	0.25~0.5	0.5~1	1~10	10~20	20~40
含量/%	11.38	27.51	14.38	7.54	20.94	18.25

表 6-4 坡体材料与模型材料力学参数

材料类别	容重 γ/kN·m^{-3}	内摩擦角 φ/(°)	黏聚力 c/kPa
坡体	20.0	23	20.0
模型第一台阶	18.4	25	0.2
模型第一台阶以上	17.9	23	0.15

同时，按照表 6-2 中的粒径级配取 10 kg 进行染色（红色）和晾晒处理，如图 6-7 所示。

图 6-7　染色后的砂子

彩图
请扫码

6.2.3　试验方案

6.2.3.1　试验依据

在露天矿山生产现场，爆破、采掘、剥离、运输等是正常生产活动必需的工作流程，除自然因素外，如降雨、地震等，现场的很多工程活动也会对边坡稳定性有一定影响，比如工程活动产生的振动就是其中一种。

在剥离岩土体的过程中，总会涉及岩土体的爆破，而爆破后的爆堆要由挖机或电铲等设备经卡车或输送机运至排土场。在这一生产过程中，爆破、铲运及最后倾倒于排土场均会产生不同的振动效应，以上三种工作的产生的振动类型不同，所以频率也不同。为此，该相似模拟试验以振动频率作为一个可变的试验变量，并以此控制试验条件完成试验。

6.2.3.2　观测方案

一般而言，对于相似模拟过程中试验现象的观测和及时记录至关重要，在该试验中，边坡体模型实验现象的观测方式有两种，一种是在边坡体模型内加装应力传感器，在施加振动的过程中记录边坡体内部各个不同部分的应力变化，另一种是通过布置观测点，记录观测点随边坡体在振动作用下运动发生的位移。该试验采用第二种观测方式，因为在现场观测采用的是钻孔应力观测的方法，有现场的实际数据作为支持，相似模拟中的应力观测数据在其有效性上与现场数据有很大差别，故采用位移观测的方法。

图 6-8 为试验中实现观测位移示意图。为了方便观测边坡模型台阶面侧面的下沉与位移情况，试验过程中采用在台阶之间铺设一层标志层的方法，由下至上

依次铺设三层标志层，分别为第一至三标志层，边坡体滑移时会引起标志层在模型正面的滑移，并能观测到滑动轨迹；标志层的材料选用表 6-2 中的粒径级配，即与第二、三、四台阶的材料相同，避免标志层的出现影响各层之间的接触性质，最大限度还原现场实际情况。对标志层材料进行染色（红色）处理并晾干，如图 6-8 所示。同时，在各个台阶上每隔 17 cm 布置标志物，共 5 个，记为 1~5 号标记物，观测由边坡体正面滑动产生的位移，标志物采用 20~40 mm 的大块度石子，为便于观察及拍摄，对其染色（红色、绿色、白色）处理。

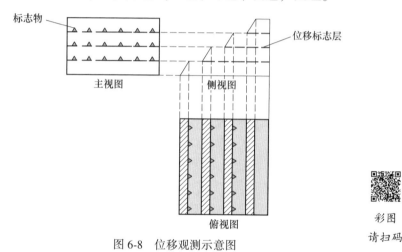

图 6-8　位移观测示意图

彩图
请扫码

由于该相似模拟试验采用的是三维模拟试验的方式，试验过程中的试验现象在正面、侧面以及背面均有不同的体现，但在块体堆积散体边坡稳定性模拟试验装置上进行试验时，背面观测到的现象是边坡模型整体在初始振动频率的作用下发生重力压密的过程产生竖直向下的微小位移，故在此试验过程中不再观测边坡模型背面的实验现象，只观测发生在边坡模型正面和其中一个侧面的试验现象，在边坡模型体正面与侧面的定点处架设高清数码摄像机，如图 6-9 和图 6-10 所示。

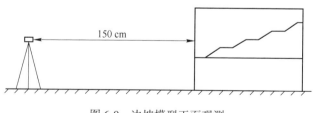

图 6-9　边坡模型正面观测

6.2.3.3　相似比的选择

排土场典型剖面由坡脚至坡顶的水平距离为 267.6 m，铅直高度为 101.0 m，

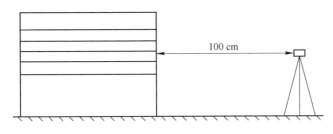

图 6-10 边坡模型侧面观测

拟建立的边坡体模型水平长度为 80 cm，铅直高度为 33 cm，平盘宽度 11 cm，整体宽度为 98 cm，模型与原型之间的几何相似比 C 为 1∶330，如图 6-11 所示。

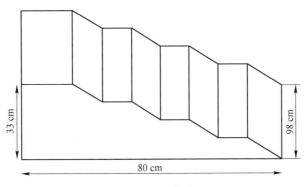

图 6-11 边坡体模型

根据相似原理，模拟试验的另一个重要条件就是材料相似，包括破坏与本构相似、单值条件相似等准则由与之相关的模型材料容重 γ、黏聚力 c、内摩擦角 φ、运动时间 t、如下给出（下标 p 为原型，m 为模型）：

几何相似常数：$C_L = = L_p/L_m = 330$；

重力相似条件：$C_\gamma = \gamma_p/\gamma_m = 1.1$；

黏聚力相似条件：$C_c = C_L C_\gamma = 363$；

内摩擦角相似条件：$C_\varphi = 1$；

时间相似条件：$C_t = t_p/t_m = \sqrt{C_L} = 18$。

由表 6-4 材料参数可知，相似模拟材料符合相似原理的要求。

露天矿每次微差爆破作业历时约 3.6 s，按每年工作 300 天计算，一年中边坡体经历的爆破作业振动作用时间共计 1080 s，根据相似原理中的时间相似条件 $C_t = 18$，故试验中设定每一试验阶段散体边坡持续受振动作用时间为 60 s。

6.2.3.4 试验条件

实验台采用振动电动机驱动，底座上附加的弹簧协助振动，并由电动机专用变频器辅助调节振动频率达到研究振动频率对边坡稳定性的影响。

　　试验分为现场原型的相似模拟试验和对比试验，试验中设定变频器频率 10 Hz 为起始频率，直至 40 Hz 为结束频率，每次提高频率的幅度为 5 Hz，试验在调至方案固定频率后的振动时间为 1 min，试验全程振动时间总计 7 min，见表 6-5。

表 6-5　模拟试验时间表

振动频率/Hz	10	15	20	25	30	35	40	总计
试验时间/min	1	1	1	1	1	1	1	7

　　试验过程中，边坡体模型正面与侧面的高清数码摄像机保持开启，实时记录试验现象，试验完成后根据录像统一对比分析试验现象。

6.3　软弱基底排土场振动试验分析

6.3.1　模型的建立

　　该试验首先进行现场原型的相似模拟试验，再进行对比试验。为下文分析方便，称现场原型的相似模拟试验为 A 组试验，对比试验为 B 组试验。

　　块体堆积散体边坡稳定性模拟试验装置上部实验台四周有三面安装有高透明度有机玻璃板，未安装有机玻璃板的一面为进料口，按照表 6-2 及表 6-3 配制的模拟排弃物料经由此排弃至试验台粗糙表面上，并按照相似比得到的模型尺寸堆置模型。

　　图 6-12 为模拟排弃的第一级台阶。

图 6-12　第一级台阶

彩图
请扫码

　　图 6-13 为在第一级台阶面上铺设位移标志层。
　　图 6-14 为第二级台阶模拟排弃完成。
　　图 6-15 为铺设第二层位移标志层。

图 6-13　第一层位移标志层

彩图请扫码

图 6-14　第二级台阶

彩图请扫码

图 6-15　第二层位移标志层

图 6-16 为模拟排弃的第三级台阶。

彩图请扫码

图 6-16　第三级台阶

图 6-17 为在第三层位移标志层之上模拟排弃第四级台阶。

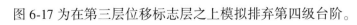

彩图请扫码

图 6-17 第四级台阶

图 6-18 为平盘上标志物的布置方式。

图 6-18 A 组标志物布置

在上述实验工作结束后,沿侧面位移标志层做初始参照位置,以便后期换算侧面位移,如图 6-19 所示。

图 6-19 A 组实验模型位移标志层侧面参照位置

B 组模型与 A 组模型的模拟排弃过程在工作流程上相同,不同点是 B 组模型的第一级台阶采用表 6-3 中粒径级配进行模拟排弃,即乙组实验的四级台阶采用同样的粒径级配,完成模拟排弃后的边坡体模型如图 6-20 和图 6-21 所示。

图 6-20　B 组实验模型

彩图
请扫码

图 6-21　乙组实验模型位移标志层侧面参照位置

彩图
请扫码

6.3.2　振动数据监测

根据《中国地震烈度表》中有关动峰值加速度的叙述，由 V ~ X 度 6 个烈度的振动峰值加速度从 0.03 ~ 1 g（单位 g，即重力加速度）逐级递增，同时，根据下述振动数据的监测，试验台能满足 6 个烈度加速度的要求。

对于试验台振动作用的监测则采用深圳维特智能科技有限公司生产的 BMI160 姿态传感器，采集如图 6-3 所示 x、y、z 三个方向的振动数据，传感器处于水平静止状态时，各方向上的加速度 $a_x = a_y = -0.03$ g，$a_z = 1.06$ g。本书选取试验过程中频率为 10 Hz 时的 1 s 为例，传感器返回 200 次加速度数据，3 个方向的加速度时程曲线如图 6-22 所示。

由图 6-22 可以看出，试验中对模型边坡影响最大的是沿 z 方向的振动作用，对各个试验阶段频率以正弦函数 $y = y_0 + A \sin\left[(x - x_0) \pi / w \right]$ 进行拟合，各拟合参数取值见表 6-6。

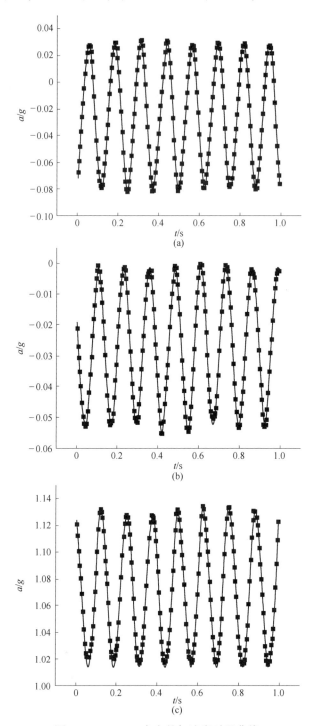

图 6-22　x、y、z 方向的加速度时程曲线

（a）x 方向；（b）y 方向；（c）z 方向

表 6-6　拟合参数

参数/Hz	y_0	x_0	w	A
10	1.0702	−0.03280	0.06317	0.0563
15	1.0713	0.01277	0.04051	0.06621
20	1.0712	0.01473	0.02919	0.1129
25	1.0728	0.00238	0.01137	0.1190
30	1.0720	0.01519	0.01902	0.4584
35	1.0716	7.08×10^{-4}	0.01608	0.5818
40	1.0723	0.00794	0.01420	1.0581

6.3.3　模拟试验与结果分析

图 6-23 为受振动频率为 10 Hz 振动作用后的模型状态，该频率下试验台振动频率低但幅度大，振动过程肉眼基本可见，但此时振动能量小，仅模型表面有轻微滑移。A 组的滑移现象主要发生在第二台阶坡面，14~35 cm 出现锥形滑移，51~90 cm 有波浪形连续滑移，表现为坡面细小颗粒向下滑动，滑动距离为 0.4 cm。

(a)　　　　　　　　　　　　　　　　(b)

图 6-23　10 Hz 频率后模型状态

（a）A 组模型；（b）B 组模型

彩图
请扫码

B 组在 55 s 时第三台阶 17 cm 处有 1 cm³ 规模的极小规模滑移，根据振动前后的对比，第三台阶平台中部位置有轻微整体下沉，第一台阶平台与坡面左侧 10~17 cm 范围内有轻微整体下滑，距离小于 0.2 cm。

图 6-24 为受振动频率 15 Hz 振动作用后的模型状态。在此频率振动作用下，25 s 后 A 组第二台阶边坡面中部发生了一次极小规模的表面下滑，滑动物料粒径1 mm 以下，滑动距离 7 cm；与此同时，14~35 cm 范围的锥形滑移仍在持续，

50~95 cm 坡面发生波浪状小颗粒连续下滑，43 s 后在距离右侧边缘 30 cm 处发生 5 mm 块度颗粒滚落。与之前相比，第二台阶表面物料颗粒下滑范围向模型右侧发展，滑移范围增大，但模型能保持稳定性。

(a)　　　　　　　　　　　　　　(b)

图 6-24　15 Hz 频率后模型状态

（a）A 组模型；（b）B 组模型

彩图
请扫码

　　B 组第三台阶平台轻微整体下沉范围增大，向左右两侧扩大了 5~10 cm，同时第一台阶平盘左侧位置继续整体下滑，且滑体范围没有扩大；另外，第三台阶 45~60 cm 范围有零星物料颗粒滚落，因为此范围内坡面表面不平整，凹凸点较多，颗粒移动模式为滚落而不是滑落。

　　图 6-25 为受振动频率为 20 Hz 振动作用后的模型状态，A 组模型在 20 Hz 频率施加结束时的状态与开始时相比，第二台阶除 20~35 cm 区段的坡面区域没有

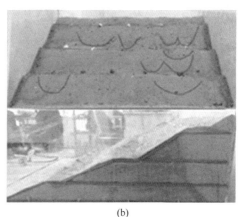

(a)　　　　　　　　　　　　　　(b)

图 6-25　20 Hz 频率后模型状态

（a）A 组模型；（b）B 组模型

彩图
请扫码

发生显著滑移现象外，其他区域从坡面顶至坡面中部均发生 1 cm 以上的整体滑移，锥形滑移区域向上扩展至第二台阶平台，波浪状连续滑移范围向左侧扩展 15 cm；第一台阶 33 cm 处有 10 mm 以上大块颗粒向下滑动 1.5 cm，同时，坡面平台两端 20 cm 范围内发生肉眼可见的轻微下沉。与 15 Hz 振动频率相比，滑移区域的范围继续向两侧发展；由于频率的增大，也使散体边坡出现了安全平台局部轻微下沉的现象，模型基本稳定。

20 Hz 振动作用开始 5 s 后，B 组第一台阶 4 号标志物由于振动以及接触面不平整发生了自身角度的调整，并没有发生位置的改变；第二台阶 65~85 cm 范围有轻微整体滑移，第三台阶大范围轻微滑移。

图 6-26 为受振动频率为 25 Hz 振动作用后的模型状态，从侧面来看，A 组标志层临空一端出现明显向下弯曲的状态，标志层从边坡内部向外的距离越大，其弯曲下沉的距离越大，标志层第一层向下的最大下沉距离为 1.1 cm，第二层 0.8 cm，第三层 0.5 cm，说明四层台阶的坡面角已经开始明显变小，平台前端开始发生明显下沉，其中第二台阶的变化程度最为明显。边坡模型正面标志物与模型的相对位置并未显著变化，但由于台阶面发生下沉，标志物在竖直方向上的位置也发生了下移，其中，第二台阶 3 号标志物下移距离最大，4~5 号标志物下移的距离依次减小，第二、三、四台阶坡面全部出现滑移现象，第一台阶轻微滑移。在该试验阶段，滑移现象由第二台阶扩展至其余三层台阶，且滑移范围突增，各台阶安全平台下沉的现象更加明显，模型有失稳的趋势。

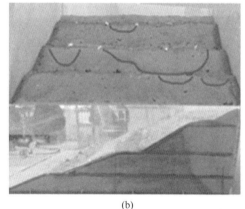

(a)	(b)

图 6-26 25 Hz 频率后模型状态

(a) A 组模型；(b) B 组模型

彩图
请扫码

B 组与前一阶段状态相比，第一、二、三台阶坡面表面物料大范围向下滑移，第二台阶滑移范围向左扩大 20 cm，平台整体由基本水平逐渐变为向下倾斜，标志物与边坡模型相对位置不变，但由于平盘的倾斜，标志物在竖直方向上位置下降，侧面标志层与参照位置开始出现明显错动，尤其是各个台阶平盘位置处，标志层位置明显下降，且平台平面与坡面相交处逐渐变为圆角。

图 6-27 为受振动频率为 30 Hz 振动作用后的模型状态，与之前的振动相比，振动能量增量大。A 组实验中坡面上颗粒向下滑动的同时带动标志物一同向下，但是小粒径颗粒的滑动速度明显快于大粒径颗粒，通过覆盖在台阶平台上的标志层可以看到模型表面排弃物料颗粒的滑动路径，在第二、三、四台阶上，模型左侧坡体的破坏程度远大于右侧，可以看到第二台阶上 1~2 号标志物几乎滑至台阶底部；与此同时，第三台阶 1 号标志物所在位置处的台阶面产生了明显的倾角变化，说明此处平台由于台阶坡面上物料向下滑移发生了倾斜，并且边坡整体高度降低；而在边坡体模型侧面，标志层整体与参照位置产生了错动，因位置不同产生错动的距离不同，错动范围在 0~1.5 cm 内，其中坡脚位置的标志层没有变化，最大错动距离出现在第二台阶中部。坡面破坏模式在这一试验阶段演变为大范围与大规模的剧烈滑移；另外，在前四个试验阶段标志物的位置基本不变，仅由于平台下沉而发生竖向位移，但此时坡体剧烈滑坡引起了标志物的滑移。

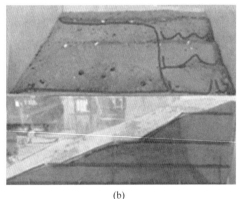

(a)　　　　　　　　　　　　　　　(b)

图 6-27　30 Hz 频率后模型状态

(a) A 组模型；(b) B 组模型

彩图
请扫码

B 组四个台阶均发生大规模滑移，其中第一、二台阶破坏程度更为严重，其中第一台阶平台大部分被上层滑体完全覆盖，主要是第一台阶坡面滑移量大，造成平盘下滑和倾斜，再加上第二台阶的滑移量大，所以形成了第一台阶平盘被覆盖；同时，第一台阶的 1~4 号标志物不同程度地随滑体向下滑移，其中第一、第四标志物滑移距离最远，其次是第二、三标志物；并且三层位移标志层表现出了临空侧不同程度地弯曲错动，其中以第二标志层与参照位置的错动距离与范围最大，由平台至坡面的位移标志层均发生了错动，第三标志层虽然平台处向下错动距离较大，但其台阶坡面上颗粒滑移并不严重。

图 6-28 为受振动频率为 35 Hz 振动作用后的模型状态。A 组试验模型表现出的破坏状态比 30 Hz 振动作用结束时更为严重，30 Hz 振动作用结束时第二、三、四台阶模型左侧坡体的破坏程度远大于右侧，但此时第二台阶的 3~4 号标志物已经滑至原第一台阶平台处，并且由于第二、三台阶坡体的滑动，滑体推动第一台阶平台的标志物向坡体下方滑动。但侧面图中依旧可以看出坡体模型具有台阶形态，与前一阶段坡体形态相比，坡体高度降低 2.1 cm，第三台阶坡体下滑并覆盖第二台阶平台，第三台阶平台向下方倾斜，但此时滑坡量不大，滑体的滑动无法带动标志物运动。同时，标志层与参照位置的错动距离增大，尤其以第一标志层和第三标志层的距离变化最为明显。与之前 30 Hz 试验阶段相比，35 Hz 振动初期颗粒滑移速率更大，滑移范围继续扩大，但此时坡面发生的滑移是在前面五个实验阶段综合作用过后之后的结果，此时坡面倾角明显减小，台阶形态破坏。

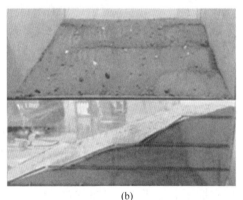

(a)　　　　　　　　　　　　　　　(b)

图 6-28　35 Hz 频率后模型状态
（a）A 组模型；（b）B 组模型

彩图
请扫码

B 组模型大部分台阶已经破坏，尤其是左侧，基本表现出了全边坡"一坡到底"的状态；30 Hz 振动频率实验阶段结束时，第三台阶平台由于坡面物料滑移而向坡面方向倾斜，但原平盘的物料只有很少量沿坡面向下滑移，35 Hz 振动频率阶段第三台阶坡面中部原平盘的物料开始向下滑移，并带动 2~4 号标志物下滑；同时第一、二标志层不同位置错动距离增大 0~0.5 cm，由边坡体模型内部向外错动距离逐渐增大，其中第二台阶和第一台阶原平台与坡面相交处分别达到了最大值，而第三台阶中部坡面滑移的范围并未扩大至模型两端，所以第三标志层并没有表现出像第一、二两层标志层的大距离错动。

图 6-29 为受振动频率为 40 Hz 振动作用后的模型状态，A 组第三台阶 1~5 号标志物沿坡面向下滑动的距离依次减小，原因是在 30 Hz 振动时，模型左端边

坡率先发生滑动，使最终左侧的滑坡破坏程度高于右侧，所以同一层标志物滑动距离出现梯度，而第一、二台阶标志物在上一试验阶段滑动位置的基础上向前滑动，由于在此位置滑体向前滑动的速率较上层滑体小且坡面角度减小，所以标志物滑动距离较前阶段小，同时，滑体覆盖第一层台阶大块度碎石物料后，标志物在大块度碎石层上滑动，摩擦力增加也是滑动距离减小的一部分原因。

(a)   (b)

图 6-29 40 Hz 频率后模型状态

（a）A 组模型；（b）B 组模型

彩图
请扫码

在 40 Hz 频率振动作用下 B 组边坡体模型滑移范围继续扩大，除原平台上原有的极小部分红色标志层外，其余都发生了滑移，试验结束时，第三标志层与最初的状态相比，下降了 3~5 cm，第二标志层下降 0~3 cm，而第一标志层在坡面上的部分在该层的错动距离最大。

6.3.4 讨论

本书研究的重点为排土场边坡的块体组成与振动频率之间的关系，除此之外，震动波性质、振动持续时间、爆破工艺的选择、作业区域地质条件等也是影响排土场边坡稳定性的重要因素。此外，本书在研究中还对振动作用的时间效应进行了相关试验研究，结果表明：低频振动下，时间因素对排土场边坡的变形影响较小，仅发生表面局部散碎颗粒的滑移；而在 25 Hz 以上的振动频率时，边坡模型滑坡规模与边坡形态破坏程度随着振动时间延长而增加。

振动作用使排土场散体边坡稳定性降低，在振动频率逐渐增大的过程中，最先是台阶坡面物料的零星滑落与滚落，逐渐演变为坡面小规模的锥形或连续波浪状滑移，随着滑移范围与滑移规模的增加，引起安全平台局部下沉；当振动频率足够高时，各个滑移区域扩大，由局部滑移发展成为台阶整体滑移，安全平台由局部下沉发展成为整体下沉，排土场边坡台阶形态逐渐破坏。

当振动频率为 20 Hz 以下时，试验台产生的振动状态表现为低频率高振幅，此时坡面上的颗粒的运移方式以滑移为主，而 5 mm 粒径以上的颗粒主要以滚动的形式从坡面滚落，其中振动频率为 10 Hz 时，由于排弃环节中个别物料颗粒在坡面上处于不平整的凹凸点位置，仅发生了坡面零星颗粒运移而无其他明显现象，边坡在此时处于稳定状态；当振动频率提高至 25 Hz 以上时，试验台的振动状态变为高频率低（极低）振幅，此时以细小颗粒整体滑动为主，由摩擦带动或推动大块度物料移动，而大块度物料在这种状态下极少表现为滚动。

在振动频率为 20 Hz 的振动作用下，第二台阶首先发生大范围的物料滑移，说明第二台阶滑移的发生是排土场边坡稳定性开始劣化的信号，同时，20 Hz 的振动频率也是排土场边坡保持稳定性的极限频率；25 Hz 时的振动作用使边坡破坏由第二台阶扩大至第三、四台阶，此时模型整体发生大规模滑移，但 A 组模型第一台阶由于平均粒径大或大块度颗粒占比高，坡面颗粒抗滑力大，坡面形态变化小。

A 组模型第一台阶在 25 Hz 与 30 Hz 的低频振动时表现出了极高的稳定性。与 B 组第一台阶相比，A 组粗颗粒含量高，平均粒径大，在宏观力学参数上表现为内摩擦角与黏聚力大，抗剪强度高，且在实际的大型边坡工程中，抗剪强度对边坡稳定性的影响极大。这为露天矿山通过改变粒径级配与块体组成来提高排土场边坡稳定性提供了依据。在后续的相关研究中改变粗细物料含量以寻找排土场边坡稳定性的最佳物料比例，并提出粗细物料搭配混合排弃的排土顺序与排土工艺。

6.4　本　章　小　结

（1）研发了一种块体堆积散体边坡稳定性模拟试验装置并进行了散体边坡对振动作用相应的模拟试验，取得了较好的效果。

（2）随着振动频率逐级增加，散体边坡由稳定状态、小范围局部滑移、大规模整体滑移、安全平台倾斜下沉发展至破坏状态。

（3）在振动频率 20 Hz 及以下的低频振动条件下，第二台阶坡面首先发生局部锥形或连续波浪状小范围滑移。

（4）低频振动条件下，散体边坡表面小块度物料颗粒运移方式为轻微的规模式滑动，大块度物料以滚动为主；高频振动条件下，小块度物料颗粒运移方式为剧烈的规模式滑动，大块度物料的运移方式为小块度物料颗粒摩擦带动或推动，极少表现为滚动。

（5）散体边坡能保持稳定性的极限振动频率为 20 Hz。

7 振动作用的时间效应对边坡稳定性影响的试验研究与分析

第 6 章采用室内实验室试验的手段，建立了内排土场边坡的相似模拟模型并研究了其在递增振动频率下的滑移破坏规律，同时，为了区别于复合级配排土场，开展研究复合级配排土场在振动作用下的稳定性特性，故设置了一组对比试验模型，对比试验模型为单一粒径级配组成，粒径级配为试验中的唯一变量。在本章中，采用与第 6 章类似的试验方案与检测手段，开展振动作用时间对排土场稳定性影响的试验研究。

7.1 试验方案

7.1.1 试验材料

由于该组试验中不再以具体露天矿作为对比研究对象，为简化实验室模拟试验方案，故不再设置复合粒径级配试验模型，采用如表 6-2 所示的粒径级配，同时按照 6.2.3 小节的相似比配制完成模型的建立。

7.1.2 试验方案

试验过程中振动频率采用逐级递增的方式，即 10 Hz 为试验初始振动频率，40 Hz 为试验结束振动频率，每个试验阶段振动频率比前一试验阶段依次增加 5 Hz。将试验分为 A、B 两组，A 组每一试验阶段振动作用时间为 1 min，B 组每一试验阶段振动作用时间为 2 min，试验阶段计划见表 7-1。

表 7-1 试验阶段计划表

时间/min	频率/Hz							总计
	10	15	20	25	30	35	40	
A 组	1	1	1	1	1	1	1	7
B 组	2	2	2	2	2	2	2	14

7.2 振动时间效应的排土场稳定性试验

7.2.1 模型的建立

模型的建立过程与上述章节类似，根据粒径级配设计与相似比的试验方案，进行试验模型的模拟排弃工作，以 A 组模型为例，排弃过程如图 7-1 所示，在每层台阶之间铺设一层红色标志层观测模型侧面下沉量与坡面物料滑移路径，共有 3 层标志层，并在 3 层安全平台上分别放置 5 个标志物；为下文分析方便，各台阶由下至上分别为第一至第四台阶，各标志层由下向上分别为第一至第三标志层，各标志物由左至右分别为第一至第五标志物。试验现象的记录采用正面与侧面架设高清数码摄像机的方式，协同观测模型正面坡面滑移与模型侧面台阶形态变化和下沉量，两组试验模型排弃完成后的正面图与侧面图如图 7-2 所示，在侧面有机玻璃板上记录标志层的初始位置以测量标志层的下沉量。

图 7-1　模拟排弃过程

彩图
请扫码

(a)

(b)

图 7-2　模型正面图与侧面图

(a) A 组模型正面图与侧面图；(b) B 组模型正面图与侧面图

彩图
请扫码

7.2.2　振动数据监测

对于试验台振动过程中振动加速度的监测，依然采用深圳维特智能科技有限公司生产的 BMI 160 姿态传感器，故不再赘述。

7.2.3　模拟试验与结果分析

图 7-3 为受振动频率为 10 Hz 振动作用后的模型状态。A 组模型在振动过程中除零星物料滚落外暂无明显试验现象。

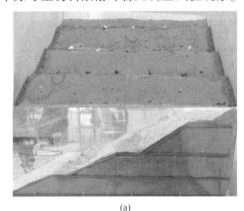

(a)

(b)

图 7-3　10 Hz 振动频率后模型状态

（a）A 组模型；（b）B 组模型

彩图请扫码

B 组模型在 89 s 时第二台阶 13 cm 与 22 cm 处出现两处极小规模排弃物料向下滚动的现象，物料直径为 5 mm；第一台阶坡面 0~15 cm 处有锥形区域的小颗粒滑移，且滑移距离为 0.5 cm 以内；第三台阶安全平台 25~80 cm 与第四台阶安全平台 34~75 cm 与坡面的连接位置处轻微整体下滑，范围在 0~0.3 cm，过程中有零星小粒径颗粒沿边坡向下滑动，其他暂无明显实验现象。

图 7-4 为受振动频率为 15 Hz 振动作用后的模型状态。A 组模型标线位置表

(a)

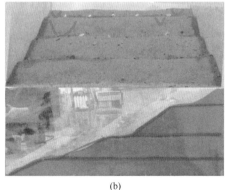

(b)

图 7-4　15 Hz 振动频率后模型状态

（a）A 组模型；（b）B 组模型

彩图
请扫码

现出轻微锥形滑移，滑移距离为 0.3 cm 以下，同时，第四台阶坡面整体向下滑移，另外，坡面局部位置有较大粒径的颗粒滚落。

B 组模型第四台阶整体发生滑动，安全平台外侧向下倾斜，正面表现出的现象是第四台阶高度降低 0.5 cm；第三台阶安全平台 3~18 cm 至台阶坡面底部的三角形区域向下滑动，滑动距离 0.8~1.5 cm，同时，安全平台 69~74 cm 处至向下 7 cm 的三角形区域轻微向下滑动；而第一台阶左侧坡面与安全平台锥形区域继续向下滑动，但是滑动程度较前一试验阶段轻微，表现为滑移区域面积减小。

图 7-5 为受振动频率为 20 Hz 振动作用后的模型状态。与前一试验阶段相比，A 组模型第一台阶 5~18 cm 范围与第二、三台阶 78~95 cm 范围的锥形滑移区域继续滑动且范围扩大，并且各台阶两侧均出现滑移区域，但是台阶坡面各滑移区域并没有扩展至坡底，滑移范围最大的是第二台阶两侧的区域，扩展至坡面中下部；另外，第一台阶第四标志物由于其形态的原因，在振动作用过程中发生了自身的角度调整，但位置没有变化。

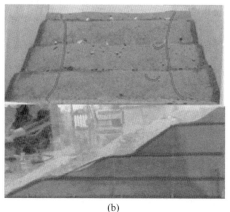

(a)   (b)

图 7-5　20 Hz 振动频率后模型状态
(a) A 组模型；(b) B 组模型

彩图
请扫码

B 组模型左右两侧各 18~25 cm 的范围内，第一、二、三、四台阶坡面与安全平台均有明显的小颗粒整体滑移，并且由模型两侧边缘至标线位置颗粒滑移的距离逐渐缩短，由于排弃物料滑移规模不大，不足以使安全平台整体或局部破坏，所以模型两侧的各标志物位置均没有明显改变；同时，两条标线之间的第二、三台阶坡面有两处小范围的颗粒滑动。

以上 3 个试验阶段的振动作用并未引起各标志层位移与角度的明显变化。

图 7-6 为受振动频率为 25 Hz 振动作用后的模型状态。A 组各台阶两侧边缘滑移区域向坡面中部扩大，其中滑移范围最大的区域为第二台阶 34~85 cm 处，

滑移距离为 3~8 cm；此外，第三台阶安全平台发生倾斜，表现为标志物在竖直方向上的位置降低 0.3~0.5 cm。同时，各标志层临空的一端以及位于坡面的部分与初始位置出现错动，说明此时台阶形态与坡面状态发生了明显变化：安全平台倾斜与坡面角减小，第三标志层的临空一端与第二标志层的坡面部分错动距离最大，与之相对应的，第三台阶安全平台的倾斜变化最大，第二台阶坡面角的减小幅度最大。

(a)   (b)

图 7-6   25 Hz 振动频率后模型状态

(a) A 组模型；(b) B 组模型

彩图

请扫码

与 A 组相比，B 组坡面物料滑移、平盘倾斜、位移标志层下降等现象表现更为明显。发生滑移的区域由上一试验阶段各台阶两侧 20 cm 边缘向坡面中部扩大，其中第三台阶坡面 5~64 cm 范围与第二台阶 53~85 cm 范围滑移规模最大的区域，滑移距离为 3~8 cm，其余各滑移区域的滑移距离在 3 cm 以内；但与前三试验阶段相比，25 Hz 振动频率下滑坡规模量急剧增加，使安全平台发生了严重的倾斜，台阶形态已经开始破坏，通过标志物表现出的试验现象为标志物位置在竖直方向的下降和与坡面的相对位置关系，可见第三台阶第二标志物已经发生滑移，在该试验阶段结束时停留在坡面上部，而预先铺设在平台上的标志层已经开始滑移进入坡面范围内。从模型侧面现象可以看出标志层位置发生了改变，第一标志层位于坡面的部分与初始位置产生了错动，由坡底至坡顶错动距离为 0~0.7 cm，第二标志层位于坡面的部分错动距离为 0~0.8 cm，另外，第二标志层位于安全平台的部分开始向下弯曲，并且其弯曲下沉距离随边坡体内部到边坡体坡面逐渐增大。

图 7-7 为受振动频率为 30 Hz 振动作用后的模型状态。30 Hz 振动频率作用下，边坡体模型开始发生大规模急剧破坏，破坏形式以坡面表面颗粒滑移为主，

由颗粒的大规模、大范围滑移带动标志物向坡面下方滑动，随着边坡体破坏程度的增加，坡角变小，坡面颗粒滑移速率减小。

 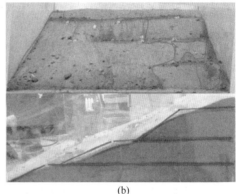

(a)　　　　　　　　　　　　　　(b)

图 7-7　30 Hz 振动频率后模型状态

（a）A 组模型；（b）B 组模型

彩图
请扫码

A 组模型大部分台阶形态受到破坏，由正面图中可以看出，各安全平台由于物料的滑移而严重倾斜，使放置其上的标志物随物料沿坡面下滑，其中第一台阶的标志物滑移距离最大，第一、二、三、四标志物在试验阶段结束时的位置呈现锥形，说明在 0~68 cm 的台阶破坏区域内排弃物料滑移规模由两侧向中部减小，此时排弃物料的滑移路径并非自坡面由上而下，而是从第二台阶坡面开始出现滑坡体的扇形扩散；另外，在标志层的错动距离方面，第三标志层错动距离最大达到了 2.5 cm，第二标志层错动距离为 0~2.1 cm，而第一标志层发生错动的位置在坡面与安全平台处，与其他标志层相比错动距离小，最大处仅为 1.7 cm。

该试验阶段结束时 B 组模型边坡形态破坏极大，由侧面图可见第二标志层与初始位置的错动在坡面处达到了 2.2 cm，而第一标志层与第三标志层的错动距离为 0~1.5 cm；同时，坡面上表现出极大范围排弃物料滑移，位于第一、二台阶的前三个标志物开始表现出大范围运移，由滑坡体推动与摩擦滑至台阶坡面底部或下一层台阶坡面上。

B 组模型在振动作用初期表现出了与 A 组基本相同的情形，但是由于 B 组试验各阶段的时长比 A 组多一倍，所以在试验后期，第二台阶平台上第一、二、三标志物的滑移比 A 组明显，由模型状态图可见第二台阶第一标志物几乎滑移至与第一台阶第一标志物平齐的位置，因为振动时长的增加使 B 组第三台阶的破坏程度比 A 组高，第三台阶第二、三、四标志物已经由平台滑入坡面，而 A 组第三台阶标志物仅由于坡面滑移引起的安全平台倾斜而随之向下方倾斜，并未开始滑移；同时，第二标志层与第三标志层错动距离与 A 组相比，出现了更大的错动距离。

图 7-8 为受振动频率为 35 Hz 振动作用后的模型状态。A 组第一台阶第一、二、三、四标志物所处位置产生微动，第一、二标志物分别向前滑动了 3.5 cm、2.1 cm，第三标志物向左方滚动 2.8 cm，第四标志物在滑坡体的推动下向左侧滑动 2 cm，但部分被滑坡体掩埋，这种现象表明在 35 Hz 作用 1 min 的条件下第一台阶 34~68 cm 范围内的滑坡体运动方向为沿坡面向下滑移的同时由两侧向中部滑移；试验过程中第五标志物由安全平台滑动至坡底耗时 8 s，其间滑动路径向左偏 30°，另外，从 76~90 cm 范围内的坡面上可以观察到滑坡体的路径同样是向左方偏离，与第五标志物的现象一致。第二台阶的第二、四标志物与第三台阶的第一、三标志物在排弃物料的推动下沿坡面向下方滑动，但滑动距离上各有差异。各标志层与初始位置的错动距离继续增大，其中第一台阶与第三台阶坡面上标志层的错动距离最大为 0.6 cm。

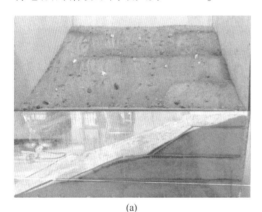 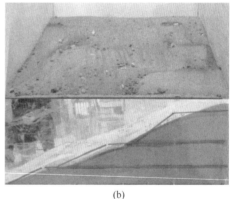

(a)   (b)

图 7-8 35 Hz 振动频率后模型状态

(a) A 组模型；(b) B 组模型

彩图
请扫码

由于 B 组模型第三台阶在 30 Hz 振动频率试验阶段结束时向坡面发生了倾斜，所以在该阶段试验开始时第三台阶滑移速率大于其余各台阶；同时第二台阶中部至右侧的区域开始发生明显滑移现象，第四标志物滑移至原第一台阶安全平台位置；第一台阶右侧滑移范围向右侧扩大 5 cm，可见第四标志物最终状态是在坡面底部；第三标志层整体与参照位置产生 1 cm 错动距离，第二标志层临空一端产生 0.7 cm 的错动距离，并且在坡面上，各标志层错动距离继续增加。第三、四台阶上滑坡体的滑移路径为沿坡面向下，第二台阶滑坡体滑移路径方向发生了变化，在 0~20 cm 范围滑移路径向左侧偏离，20~80 cm 范围内向右侧偏离，当滑坡体在第一台阶坡面滑移时，其路径方向再一次改变，由第三台阶 20~

80 cm 范围向下滑移的排弃物料滑入第二台阶 34~68 cm 范围，尤其在 68 cm 处与第二台阶的分界明显。

在 35 Hz 振动作用下，两组试验模型破坏程度急剧增加，从试验阶段结束时的模型状态图及以上分析尤其是标志物与标志层的位置变化方面，不难发现 B 组模型破坏程度高于 A 组。

图 7-9 为受振动频率为 40 Hz 振动作用后的模型状态。

 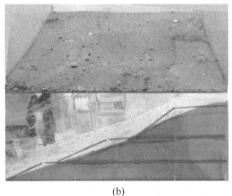

(a) (b)

图 7-9　40 Hz 振动频率后模型状态

（a）A 组模型；（b）B 组模型

彩图

请扫码

该试验阶段为试验的结束阶段，在 40 Hz 振动频率作用下两组边坡体模型滑移范围继续扩大，除原安全平台上原有的极小部分红色位移标志层外，其余都发生了滑移，绝大部分台阶形态成为"一坡到底"的状态，同时边坡角减缓，但 B 组模型破坏程度更加严重，第二、三标志层错动距离比 A 组大一倍，并且边坡角减小的程度同样大于 A 组。

7.3　本 章 小 结

（1）将自行研发的散体边坡振动模拟试验装置用于模拟振动作用的时间效应对排土场稳定性影响，并取得良好效果。

（2）振动作用下，排土场边坡排弃物料在剧烈破坏过程中的运动方式以沿坡面滑动为主，且其滑动方向与路径具有不确定性。

（3）在 20 Hz 及以下振动频率作用于边坡模型时，振动作用的时间效应对边坡稳定性影响不明显，试验阶段结束时边坡体能保持其形态完整。

（4）在 25 Hz 及以上振动频率作用于边坡模型时，滑坡规模量与范围随着振动频率增大而增加，边坡形态破坏程度随着振动时间延长而增加。

8 露天矿边坡稳定性控制

8.1 露天矿边坡综合防治措施

8.1.1 边坡防护的一般性要求

（1）开展工程地质及水文地质工作，查明影响边坡稳定的各种地质条件及其他因素。每年对已经出现的片帮、滑坡提出整治方案，并做好施工中的治理工作。

（2）成立露天矿边坡治理小组，指定专人负责，对已出现的滑坡、有滑坡迹象及预计滑坡的危险区，必须进行边坡变形监测，每月做出边坡监测报告，预测边坡的稳定状态，对矿区边坡进行定期巡查。

（3）根据年度、季度采剥设计、计划提出确保边坡稳定的技术措施。加强生产现场治理，工作面必须放线开挖、排土，严禁出现超高台阶。

（4）在雨季前，对有滑动迹象的边坡，要提出预告和处理意见，并采取有效措施。

（5）水是造成边坡滑坡的主要因素。对于地下水威胁边坡稳定的区域，需进行必要的疏干工作。在采场、排土场四周，建立完整的防排水系统。每年雨季前，应进行全面检查、维修。

（6）做好裂缝测量及回填掩埋工作。根据地质调查，采场边坡出现的不同程度的裂缝，应及时回填压实，避免大气降水及地表水通过裂缝大量入渗到边坡中。

8.1.2 完善防排水系统

做好疏干排水工程，可以明显提高第四系土体坡体力学强度，有利于提高边坡稳定性。当遇到水以后，其力学强度将明显地降低，降低边坡稳定性。因此要加强土体边坡的排水疏干工程，避免大气降水、地表水入渗到滑坡体内，以提高土体边坡强度。

修筑地面沿帮固定水沟，尽最大可能将地面水在地表设置拦截。截水沟根据地质地形条件的不同分区设立，尽可能将水排到矿场之外，同时经常对排水沟清淤、回流、防止渗漏、倒灌或者漫流。排土场施工过程中留设 3%反坡，防止地表水冲刷坡面，同时在坡底设置防渗排水沟，实现统一排水，提高水流疏导能力；采场内可在不同地段，不同水平修筑水沟、蓄水池等，实现水的有序、合理排放，消除和减少其对边坡的不利影响。

8.1.3 完善边坡监测系统

边坡安全是矿山安全生产中的重要环节，根据露天矿边坡变形具有持续时间长、变形量大、直接危害性大的特点，建立有效的边坡动态监测系统，准确预报滑坡灾害，是指导矿山安全生产和边坡治理工程必不可少的重要手段。根据矿区实际情况结合现阶段边坡监测系统，对监测系统进行完善。

8.1.4 完善边坡巡查制度

特别是雨季或边坡出现沉陷及裂缝等变形时更要加强巡查，一旦发现异常情况（如边坡有明显失稳先兆）及时预警避让，或采取防治工程措施，提出如下几点意见及建议：

（1）针对危险区域，应设置安全防护警戒线或警戒牌，用以提醒过往车辆及人员，从而防止落石对人员或设备造成伤害及损坏。

（2）危险区域边坡应加强日常巡查，日常巡查每周至少 3~5 次。

（3）做好疏干排水工程。尤其是具有软弱地层位置，岩层物理力学性质强度指标较低，如果受到大气降水或地表水的渗透，其强度指标将会进一步恶化，从而易发生滑坡。

（4）加强边坡维护。应及时将边坡上松散岩体进行清理，保证边坡形态平整，及时做好每个台阶外缘挡土墙防护工作。

（5）由于矿山生产是个动态发展过程，将会出现许多新的情况，因此边坡变形破坏防治工作也应随着条件的变化而做出相应的调整，从而保证矿山安全高效运营。

8.1.5 定期进行边坡稳定验算

露天矿的生产是一个动态的过程，随着工作面的不断推进及排弃工作的不断进行，其内部工程地质条件、水文地质条件、岩层赋存状态等不断地被揭露出来，一些新的边坡问题必然会随之产生，进而需要对新的边坡进行不同阶段的边坡验算，调整采矿计划、方案，使之不断趋于完善。

8.2 削坡减载与内排压脚措施

8.2.1 削坡减载案例

对滑体的主滑段进行适当的削坡减载可降低坡高、使滑体重心下移，减小下滑力,改善滑动面岩体力学强度。单纯采用削坡减载措施治理滑坡是不够的,应当结合一定的边坡加固措施。对于滑体表面松散的岩石块体,当不能采取工程措施或采用的工程措施不经济时应将其清除。

以哈密某露天煤矿为例介绍削坡减载措施。随着露天矿采掘工程的推进,露天矿山南北帮地表及边坡平盘出现不同程度开裂缝,尤其是南帮地表中部两条平行开裂缝,从裂缝产生至今有明显变宽趋势。该裂缝位于南帮 ZK1 边坡勘察孔东侧约 253 m 处,裂缝宽度最大约为 40 cm,裂缝深度最大约为 60 cm,现场裂缝发育情况如图 8-1 所示。裂缝所在区域松散第四系受爆破震动、采掘降深影响有随时滑塌可能,考虑矿山实际情况建议采取削坡减重方案。

图 8-1 现场裂缝发育情况

该施工部位剥离厚度约为 3 m,岩性主要为第四系土岩,普氏系数为 1~3,不需要爆破,3 m 台阶剥离。施工区域面积约为 3137.42 m²,工程量约为 9412.26 m³。实际施工时高度按剥离到硬岩的高度为准,验收时按实际工程量为准。剥离物料排弃于露天矿南排土场。

8.2.1.1 施工工艺、工序及生产系统

施工工艺:该施工采用单斗卡车间断工艺,具体为采用单斗挖掘机挖装-自卸卡车运输、排土-装载机推土整平的间断工艺进行施工。

施工工序:施工区域面积较小,布置一台反铲,分别由东向西按条带施工,区域条带宽度约为 15 m。区域东侧设置一个出入沟供运输卡车行走。该施工区域距离采掘场地表境界一侧很近,需要注意施工的安全,当挖掘机施工到距离采掘场地表境界 5~7 m 时不能再向北行进,挖掘机固定不动,回转对未施工的 5~

7 m 施工区域进行施工。

区域施工工序具体如下：第一步，做安全挡墙，即在工作面两侧分别做安全土档；第二步，按采掘带进行施工；第三步，按质量标准化规定进行刷坡及整平，做到帮齐底平。

生产系统：剥离物通过施工区域南部临时道路进入南排土场出入沟，去往南排土场进行排弃。此运输道路宽带为 18 m，要求平整度波动范围为 ±0.3 m。施工过程中使用对讲机进行指挥和协调，道路及工作面的洒水降尘工作由养路队负责，夜间施工由车辆自身灯光进行照明。

8.2.1.2 安全技术措施

（1）施工前安全技术措施：

1）所有机械都有合格证书，所有施工人员都进行安全教育和安全培训并通过考试，所有特种作业人员均需持证上岗，项目部定期进行安全检查，召开安全会议，建立健全安全生产责任制、安全生产组织机构和安保体系，制定安全事故预防及应急预案。

2）所有机械设备按要求配备可靠有效的灭火器，减小机械车辆因火灾造成人员、机械车辆烧毁的概率。

（2）大风、高温等恶劣环境安全技术措施：

1）遇风沙天气，当能见度小于 50 m 时，停止作业。

2）遇到无风天气，剥离工作面扬尘太多导致视线不清时，需待扬尘散去看清车辆后再进行作业。

3）天气炎热时，要经常检查发动机和轴承的温度，超过允许温度时（不超过 80 ℃），必须停止作业。

（3）施工时各环节安全技术措施：

1）由于该施工区域距离采掘场地表境界很近，施工设施在作业期间要十分注意安全，留好安全距离，做好挡墙。

2）汽车驶入装车位置停稳后，先发出装车信号方可装车，装第一斗时严禁装大块，卸货时要放低铲斗，严禁高吊斗装车，卸不掉的大块不许装车，挖掘机铲斗严禁跨越汽车驾驶室，装车时汽车司机严禁将身体的任何部位伸出车外，严禁在装车时检修和保养车辆。

3）车辆运输过程中，车速必须控制在限定范围内（采场内不超过 30 km/h，交叉口处不超过 10 km/h），交叉口处禁止超车。

4）排土场卸车时听从排土指挥人员指挥，禁止冲撞挡土墙，排土后车斗未完全落下前禁止行车。

5）该施工区域距离采掘场地表境界很近，为保证所有作业人员和设备的安全，所有作业工作均在白天进行，晚间不进行任何施工。

6）实际施工时，按裂缝延伸趋势具体调整作业区域。

8.2.2　内排压脚案例

回填压脚是通过堆载反压的方式来增大边坡的整体阻滑力，以使滑坡体保持稳定的关键防治技术。压脚的回填物不能堆置在边坡的下滑段，应尽量堆填于抗滑段的鼓胀区（抗滑段与下滑段分界线与剪出位置之间），以最大限度地发挥堆载阻滑的作用。

在第 3 章中以哈密露天煤矿端帮边坡为例，研究了压脚参数对含软弱夹层岩质边坡的防护作用，探讨了内排压脚回采端帮煤的可能性。本节以第 5 章中研究的露天矿散体边坡为例，分析压脚对散体边坡稳定性防护的重要性。

为了分析露天矿合理的内排土场压脚高度与宽度，首先研究不同压脚高度、宽度情况对排土场边坡稳定性的影响。计算模型考虑软弱夹层基底的存在，压脚物料考虑一定的碾压工艺，强度参数略大于正常排弃的剥离物料。其中，黏聚力 35 kPa，内摩擦角 25°。

8.2.2.1　压脚高度对边坡稳定性影响

研究压脚高度对排土场边坡稳定性影响时固定压脚宽度，设定压脚宽度为 80 m，压脚物料角度设定为 34°，分别建立压脚高度为 5~30 m 模型，不同压脚高度情况下边坡稳定性计算结果如图 8-2 所示。

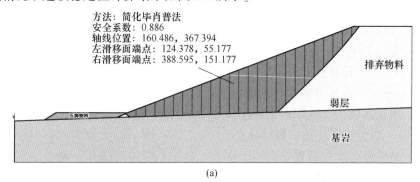

（a）

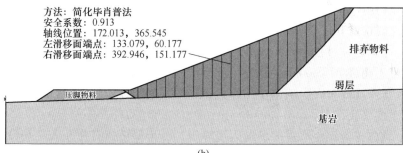

（b）

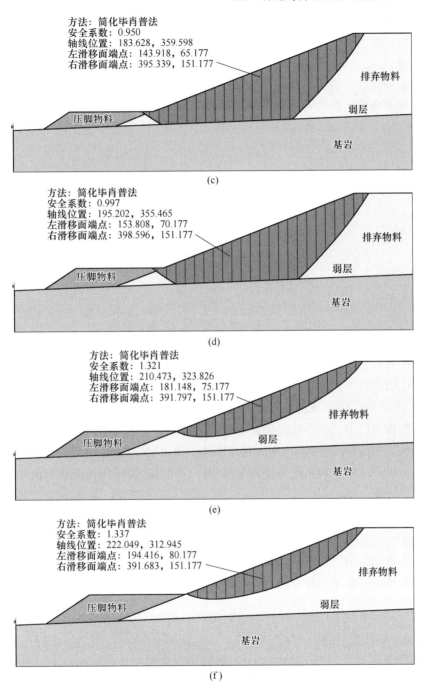

方法：简化毕肖普法
安全系数：0.950
轴线位置：183.628，359.598
左滑移面端点：143.918，65.177
右滑移面端点：395.339，151.177

排弃物料

弱层

压脚物料

基岩

(c)

方法：简化毕肖普法
安全系数：0.997
轴线位置：195.202，355.465
左滑移面端点：153.808，70.177
右滑移面端点：398.596，151.177

排弃物料

弱层

压脚物料

基岩

(d)

方法：简化毕肖普法
安全系数：1.321
轴线位置：210.473，323.826
左滑移面端点：181.148，75.177
右滑移面端点：391.797，151.177

排弃物料

弱层

压脚物料

基岩

(e)

方法：简化毕肖普法
安全系数：1.337
轴线位置：222.049，312.945
左滑移面端点：194.416，80.177
右滑移面端点：391.683，151.177

排弃物料

弱层

压脚物料

基岩

(f)

图 8-2 不同压脚高度情况下边坡稳定性计算结果

（a）压脚高度 5 m 稳定性计算结果；（b）压脚高度 10 m 稳定性计算结果；

（c）压脚高度 15 m 稳定性计算结果；（d）压脚高度 20 m 稳定性计算结果；

（e）压脚高度 25 m 稳定性计算结果；（f）压脚高度 30 m 稳定性计算结果

由图 8-2 可知,压脚高度较低时(小于 25 m)排土场滑移面通过弱层由压脚物料坡顶面剪出,压脚物料对边坡稳定性防护所起作用不大。当压脚物料的高度较大时(大于 25 m)排土场滑移面不再经过弱层而由压脚物料的坡顶面直接剪出,压脚改变了弱层对排土场边坡稳定性的控制作用,保证了边坡的安全。压脚高度与边坡稳定性安全系数关系如图 8-3 所示。

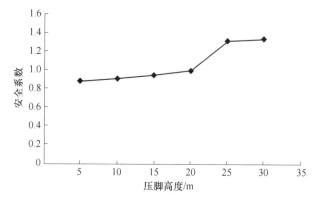

图 8-3　压脚高度与边坡安全系数关系图

由图 8-3 可知,边坡安全系数随着压脚高度的增加而增加。压脚高度等效于降低排土场边坡的高度,从而减小边坡的下滑力,提高边坡的稳定性。当压脚高度小于 25 m 时,排土场边坡下滑力能够克服压脚物料的压力作用,滑面经过弱层由压脚物料切出,随着压脚物料的增高,滑移面切出逐渐困难,边坡安全系数逐渐增大。当压脚高度大于 25 m 时,边坡下滑力难以克服压脚物料的压力作用,滑移面不再经过弱层而由压脚物料上部切出,此时边坡稳定性主要取决于排弃物料的力学性质。

8.2.2.2　压脚宽度对边坡稳定性影响

研究压脚宽度对排土场边坡稳定性影响时固定压脚高度,设定压脚高度为 20 m,压脚物料角度设定为 34°,分别建立压脚宽度为 2~10 m 模型,不同压脚宽度情况下边坡稳定性计算结果如图 8-4 所示。

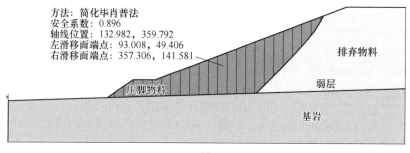

(a)

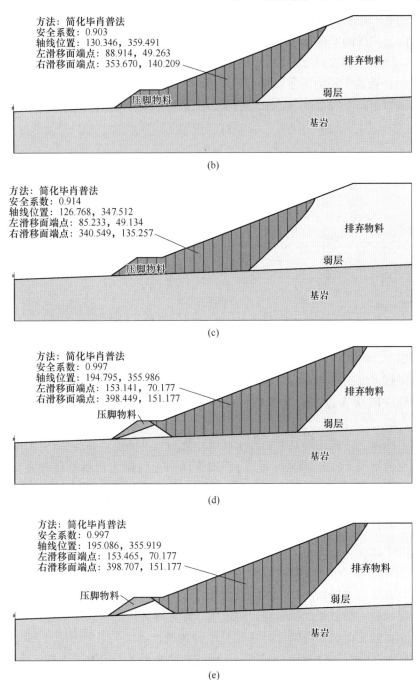

方法：简化毕肖普法
安全系数：0.903
轴线位置：130.346，359.491
左滑移面端点：88.914，49.263
右滑移面端点：353.670，140.209

排弃物料

压脚物料

弱层

基岩

(b)

方法：简化毕肖普法
安全系数：0.914
轴线位置：126.768，347.512
左滑移面端点：85.233，49.134
右滑移面端点：340.549，135.257

排弃物料

压脚物料

弱层

基岩

(c)

方法：简化毕肖普法
安全系数：0.997
轴线位置：194.795，355.986
左滑移面端点：153.141，70.177
右滑移面端点：398.449，151.177

压脚物料

排弃物料

弱层

基岩

(d)

方法：简化毕肖普法
安全系数：0.997
轴线位置：195.086，355.919
左滑移面端点：153.465，70.177
右滑移面端点：398.707，151.177

压脚物料

排弃物料

弱层

基岩

(e)

图 8-4　不同压脚宽度边坡稳定性计算结果

（a）压脚宽度 2 m 时稳定性计算结果；（b）压脚宽度 4 m 时稳定性计算结果；

（c）压脚宽度 6 m 时稳定性计算结果；（d）压脚宽度 8 m 时稳定性计算结果；

（e）压脚宽度 10 m 时稳定性计算结果

由图 8-4 可知，不同压脚宽度情况下边坡滑面均经过基底弱层，但滑面切口位置不同。当压脚宽度小于 8 m 时，压脚物料对边坡稳定性影响不大，边坡滑移面经过弱层由压脚物料坡底切出，边坡体带动压脚物料一起滑动。当压脚宽度大于 8 m 时，边坡下滑力不足以带动压脚物料一起滑动，滑移面经过弱层由压脚物料坡顶面切出。压脚宽度与边坡安全系数关系如图 8-5 所示。

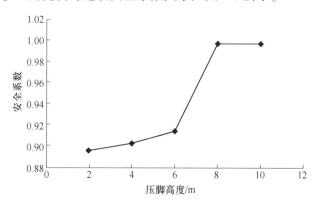

图 8-5   压脚宽度与边坡安全系数关系图

由图 8-5 可知，当压脚宽度小于 8 m 时，随着压脚宽度的增加安全系数逐渐增大，压脚宽度的改变对边坡稳定性有一定的影响；当压脚宽度大于 8 m 时，随着压脚宽度的增加边坡安全系数保持不变，压脚宽度的改变对边坡稳定性无影响。

综上所述，内排压脚高度相当于减少治理边坡的高度，在保证内排压脚物料边坡稳定的前提下（压脚宽度足够），内排压脚高度越大边坡整体稳定性越好。内排压脚宽度仅在一定范围内对治理边坡稳定性产生影响，超过一定范围后对治理边坡的稳定性提高不再起作用，即"多压无益"。

8.2.2.3   露天矿压脚措施

露天矿选煤厂东侧为内排土场形成的高陡边坡，内排土场下部为早期排弃的碎石、土等剥离物料，受雨水浸泡后易形成弱层，承载力降低，可能导致上部排土场失稳滑塌。考虑到研究区域内排土场边坡为永久边坡且边坡附近存在重要建筑物，建议露天矿对该区域采取压脚措施，保证露天矿的长久稳定性。

为确定研究区域合理的压脚高度与压脚宽度，以 1-1′剖面为例分别计算 20×20，20×24，30×20，30×24，40×20，40×24 六种情况下边坡稳定性，选取最合理的压脚宽度与高度。不同压脚情况下边坡稳定性计算结果如图 8-6 所示。

由图 8-6 可知，随着压脚物料体积的增加，边坡稳定逐渐增加。压脚对提高边坡稳定性具有较好的效果。不同压脚体积作用下，边坡安全系数均在 1.1 上，边坡处于基本稳定状态。当压脚宽度为 30 m 时边坡安全系数大于 1.20，但边坡最危险滑移面仍然贯穿整个坡面，由压脚物料坡底切出。当压脚宽度为40 m时边坡最危险滑面为单台阶失稳滑塌，不再贯穿整个坡面，且单台阶安全系数在1.1以上，该压脚条件下能够更好地保证边坡的稳定性。因此，建议采取宽度为40 m高度为20 m的压脚方式，对研究区域边坡稳定性加固。压脚后效果如图8-7所示。

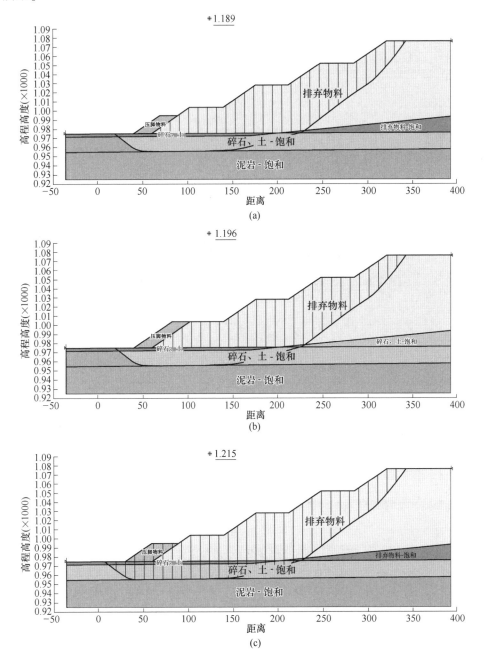

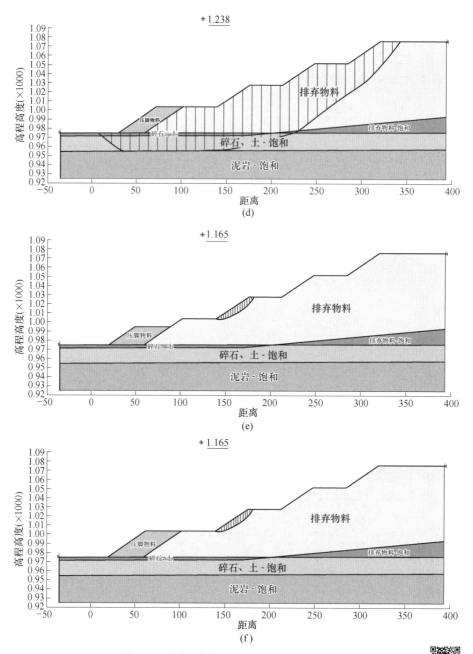

图 8-6　不同压脚情况下边坡稳定性计算结果

（a）压脚 20×20 边坡稳定性计算结果；（b）压脚 20×24 边坡稳定性计算结果；
（c）压脚 30×20 边坡稳定性计算结果；（d）压脚 30×24 边坡稳定性计算结果；
（e）压脚 40×20 边坡稳定性计算结果；（f）压脚 40×24 边坡稳定性计算结果

彩图
请扫码

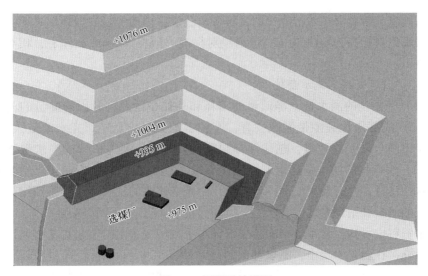

图 8-7 压脚后效果图

8.3 防排水措施

8.3.1 水对边坡的危害

水对边坡稳定的危害表现为多个方面，主要包括润滑、软化、分割、泥化、崩解、冻融等。裂隙水进入边坡内部，导致边坡内不连续面抗剪强度降低，是形成边坡滑坡的重要因素之一，一些大型的滑坡事故常常发生在大雨之后，说明水对边坡稳定性防护具有重要作用。裂缝的存在将改变边坡的滑移形态，如遇降水，则会加剧边坡的破坏，主要表现为两个方面，一是雨水沿裂缝渗入边坡岩体内部，降低岩体的强度，另一方面雨水的存在向滑体提供一个水压力，增加了下滑力，促进边坡的破坏。

对于排土场边坡来说，水是排土场形成滑坡或泥石流的润滑剂，是排土场稳定与否的敏感或重要因素。由于水的渗入，排土场内所堆排的岩土体可能由原来的非饱和状态逐步转变成饱和状态，在此过程中，岩土体黏聚力降低、抗剪强度降低、下滑力增加，当下滑力大于岩土体内摩擦力时，滑坡或泥石流便发生。雨水形成的地表径流、冰雪覆盖、上层滞水、潜水均能冲刷排土场边坡、抬高基底水位（浸润线）、软化基底，是排土场建设与运行中需高度重视并妥善处理的问题。

8.3.2 露天煤矿防排水案例

示例露天矿位于内蒙古自治区满洲里市，为大兴安岭西坡之内蒙古高原，属额尔古纳隆起带和海拉尔沉降带的接壤部位。矿区内地势虽高但地形平坦。邻近区外最高绝对标高为 602.30 m，区内绝对标高一般在 545.00 m 左右，相对高差 20~30 m。

8.3.2.1 采掘场充水条件

（1）采掘场的涌水量是静储量的消耗和动储量的和，并以静储量的消耗为主。（2）浅部风化裂隙带裂隙发育，有较多的储量，是矿田充水的最大来源，也是矿田涌水最大的地段，越往深部裂隙发育越差，所以矿田的涌水量逐年减少。（3）采掘场的涌水量随季节性变化不大。（4）给水层的影响：煤层裂隙发育透水性良好，并有较大的静、动储量，是采场充水的主要来源，第四纪含水层有较大的储量补给煤系地层含水层，但动储量较小。（5）断层裂隙带水的影响：从抽水资料中可知，含水层中的断层带导水系数增大，走向上起着疏水通道的作用。另外，在弱含水层中，断层却起着隔水作用。生产的实践，当揭露断层时，第四纪含水层的水在断层带涌水量增大，所以断层带将是采场充水的来源。（6）暴雨对露天矿充水的影响：现在露天矿东有东排土场，南有长脖岭排土场，西有沿帮排土场，北有国铁将露天矿四面包围。因此外部的暴雨汇水对露天矿的威胁较小，但露天矿境内的暴雨汇水对露天矿的安全生产有较大的威胁。现露天矿境内有 12 km^2 面积，根据满洲里气象站 1957—1986 年近 30 年最大日降雨量 75.7 mm 来计算，一次聚水 90.84×10^4 m^3，这些水一部分汇入木得那亚河老河床补给地下水，另一部分直接汇入采场内，威胁生产。（7）由于第四纪冲积孔隙含水层有较充足的补给来源，露天矿开采相当于拉了一条疏水明沟，地表水补给第四纪层的动储量就要向明沟汇聚，因此也是露天矿充水的下一个来源。

8.3.2.2 采掘场排水

采掘场排水方式为在平盘设平盘集水沟、集水坑（水圈），3 号疏干井与 3 号巷道，通过水泵将进入采掘场内的含水层水、雨水经管路排出采场。

采掘场排水系统：设有 3 个水圈，即 528 水圈、508 水圈、468 水圈，用卧式水泵经由排水管路将汇水排至采场外，3 号疏干井采用潜水泵，其疏干水经排水管路排到 468 水圈。468 水圈同时配备一台深井泵。3 号疏干井与 3 号巷道用立井贯通，主要疏干煤层水，当桃花水和雨季时大量水涌入巷道时，3 号疏干井也同时起排水作用。每年 11 月中旬到次年 3 月中旬，地面四纪层水、岩层渗水大量结冰，煤层涌水量不大，在 25 m^3/h 左右。528 水圈主要截流四纪层水和 528 水平以上的雨水，经排水管路排到南排防洪沟，夏季坑下洒煤工作面水源不足时也向坑下返水。508 水圈主要截流四纪层水、岩层渗水和 508 水平以上的雨水，经排水管路排到北端帮地面积水塘，经大桥泵排到国铁北防洪沟，夏季坑下洒煤工作面水源不足时也向坑下返水。468 水圈主要截流非工作帮水和 468 水平以上的工作帮岩层渗水、雨水，经排水管路排到北端帮地面积水塘，经大桥泵排到国铁北防洪沟。随着采掘场的采剥工程推进，3 号疏干井与 3 号巷道要被废除，应提前沿采场推进方向设置新的疏干井和疏干巷道，以超前疏降煤系含水层地下水和进入采场内的雨水。若遇到较大的雨水时，为了能够及时排除进入坑底的雨水，可在采场坑底最低处设置临时泵站，将雨水排入疏干巷道，临时排水管路可用直缝卷焊钢管，采用快速接头连接。

（1）排水量：

采掘场排水系统中 3 个明泵水圈合计排水能力为 786 m³/h，疏干井泵排水能力为 50 m³/h，总排水能力为 836 m³/h，可以满足最大涌水量时期的排水要求。

（2）排水设备及材料：

采掘场排水系统主要还是利用现有排水设备及设施，灵泉露天矿采掘场现有 3 号疏干井及 468 深井泵，3 个水圈均采用型号为 150D30×5Q155 的卧式水泵，流量为 155 m³/h，扬程为 150 m，并配有备用泵，468 水圈同时配备深井泵一台，型号为 10J80×15，流量为 80 m³/h，扬程为 150 m。3 号疏干井采用潜水泵，型号为 200QJ50-182/14，流量为 50 m³/h，扬程为 182 m。地面大桥泵采用型号为 12SH-19、流量为 790 m³/h 的卧式泵排水。现有排水管路为 7.8 km，管路直径为 155 mm。

8.3.2.3 地面排水

（1）地面水系概况：

矿区为达赉湖水系，达赉湖位于矿区南侧，距露天矿 14.5 km，水域面积 1822~2315 km²，水深平均按 4.0 m 计，水面标高为 543.8~544.0 m，湖储水量 9×10⁹ m³。达赉湖由克鲁伦河和乌尔逊河汇水补给，都通过木得那亚河（现为人工河）流经井田排泄，泄入海拉尔河。

海拉尔河发源于大兴安岭支脉古勒奇老山西麓，流经中苏边境，最后汇入黑龙江，该河流经矿区北部，距露天矿约 14 km，滨洲铁路以北，每年春秋两季河水泛滥，使滨洲铁路以北的秃尾巴山区一片汪洋，对矿区有一定的影响，矿区为考虑在海拉尔河下游秃尾巴山区开辟第二水源工程，1987—1988 年在海拉尔河下游做了大量的工作。河水的水位标高一般在 545.0~546.6 m。

该区降雨多集中在每年的 6~8 月份，其他月份很少。年最大降雨量为 1985 年的 448.0 mm，一般年份降雨量 250~330 mm。最大降雨量为 1960 年 7 月 30 日的 75.7 mm。积雪厚度一般在 5~12 cm。蒸发量以 4~9 月份为最大，年蒸发量一般在 1200~1500 mm，年最大蒸发量为 1975 年的 1672.5 mm，与降雨量相比为降雨量的 4~6 倍。

（2）地面防排水系统：

露天矿经过了近 50 年的开采，已经建立了相对完善的地面防排水系统，并将继续发挥着作用。

整个矿区三面环水，木得那亚河贯穿煤田南北，木得那亚河系属海拉尔河的支流，对矿区威胁极大，为了保证露天矿安全开采，于 1958—1960 年，在 908 大桥及砂子山大桥将木得那亚河拦腰截断，并在距离矿区南部 5 km 开挖了深为 3 m，宽为 30 m 的人工河，使达赉湖水通过人工河流入海拉尔河，并在人工河上设有水闸，控制了人工河流量。

现在露天矿东有东排土场，南有长脖岭排土场、南排防洪沟，西有沿帮排土场，北有国铁北防洪沟，将露天矿四面包围。因此外部的暴雨汇水对露天矿的威胁较小，但露天矿境内的暴雨汇水对露天矿的安全生产有较大的威胁。现露天矿境内有 12 km² 面积，这些汇水一部分汇入木得那亚河，另一部分直接汇入采场内，为此在北端帮外侧设置了北端帮地面积水塘，将坑内 508 水圈、468 水圈汇集的雨水、地下水排至北端帮地面积水塘，再经大桥泵排到国铁北防洪沟，528 水圈汇集的雨水、四纪层水排到南排防洪沟，汇入人工河，这样就保证了采场防洪安全需要。

8.4 边 坡 加 固

8.4.1 边坡加固的一般措施

由于支护结构对边坡的破坏作用较小，而且能有效地改善滑体的力学平衡条件，故为目前用来加固滑坡的有效措施之一。常用的边坡加固措施主要有支挡、护面、锚固、注浆等[99]。

支护结构主要有抗滑桩、抗滑挡墙及抗滑片石垛。在岩质边坡治理中使用较多的是抗滑桩，桩身材料通常采用钢筋混凝土或混凝土工字钢，利用抗滑桩本身较高的抗剪强度抵消滑体的剩余下滑力，维持滑体稳定。使用抗滑桩的条件之一是桩身底部须深入滑面以下稳定岩体内一定深度。

护面措施主要适用于岩性较差、强度较低、易于风化的岩石边坡；或虽为坚硬岩层，但风化严重、节理发育、易受自然应力影响，导致大面积碎落，以及局部小型崩塌、落实的岩质边坡；或岩质边坡因爆破施工，造成大量超爆、破坏范围深入边坡内部，边坡岩石破碎松散、极易发生落石、崩塌的边坡防护。常用的护面措施主要有喷射素混凝土和挂钢筋网喷射混凝土。喷射混凝土不但可以封闭坡面，使坡面岩体免受风化和雨水冲刷，有效避免岩体强度逐渐降低，而且可以利用混凝土喷层自身的强度限制坡面岩石块体的侧向位移，提高边坡岩体的抗变形刚度，增强边坡的整体稳定性。该技术由于施工简便快速、机械化程度较高，能够在最短时间内发挥支护作用，因而在工程界得到了广泛应用，是目前矿山治理台阶坡浅表层破坏的有效方式。

锚固是边坡治理中采用最广泛的技术。常见的形式是全长黏结锚杆和预应力锚杆。全长黏结锚杆通常用来加固较浅范围内的潜在破坏坡体，通过杆体材料的抗拉强度和抗剪强度维持坡面岩体稳定。预应力锚杆则是通过张拉杆体对坡面潜在破坏岩体施加压应力，借此来提高破坏面上的抗滑力，保持滑体稳定。预应力锚杆相较全长黏结锚杆而言是一种积极、主动的防护形式，特别适用于治理岩石高边坡的变形破坏，能够以最小的经济投入来最大限度地维持边坡的安全。

注浆一般适用于加固破碎岩体和断层破碎带，通过高压把纯水泥浆注入岩体内，使之与岩石碎块相胶结，增强岩体的整体抗剪强度。高压注浆一般通过两种方式实施：一是预应力锚杆（锚索）锚固段注浆过程中，采用较高的压力用以提高水泥浆液的扩散范围，增强杆体周围的岩体整体强度；二是对破碎岩体穿孔实施高压注浆。如果边坡富水，采用高压注浆会影响坡体地下水的排泄，因此，应根据具体边坡工程条件决定是否可以采用高压注浆。

8.4.2 露天煤矿破碎站边坡加固案例

露天煤矿位于大兴安岭西坡，伊敏河中下游地区，属于内蒙古自治区呼伦贝尔市鄂温克族自治旗管辖。北距呼伦贝尔市海拉尔区 80.00 km。设计年产量 2700 万吨，主产褐煤。矿区地处呼伦贝尔草原，属于中温带半干旱大陆性季风气候，气温年、日较差大，年平均气温-2.4 ℃，极端最高气温 37.3 ℃，极端最低气温-39.9 ℃，无霜期 110 d，冻冰期 9 月下旬至翌年 4 月下旬，平均结冰日数 245.2 d，平均结冰深度 3.235 m。

破碎站位于露天矿西端帮坑下，在原岩台阶上进行开挖，形成的卸载平台标高 584.5 m，破碎机站立水平标高 574 m，待加固边坡位于卸载平台与破碎机平台之间，边坡高度 10.5 m，边坡角度 51°，如图 8-8 所示。

从经济及技术上综合考虑，在保证边坡安全、施工技术可行、节省造价的前提下，制定最优的支挡方案，针对该工程的边界条件，采用预应力锚索及锚喷支护，支护方案示意图如图 8-9 所示。

框架锚索施工要点：

（1）施工前应进行锚索基本试验，用作基本试验的锚索参数、材料及施工工艺必须和该工程锚索一致。

（2）锚孔直径为 130 mm，锚孔定位偏差不宜大于 20 mm，锚孔偏斜度不应大于 5%，钻孔深度超过锚索设计长度应不小于 0.5 m。

（3）锚索安装应满足如下规定：

1）安装锚索前应对钻孔重新进行检查，对塌孔、掉块应进行清理或处理；

2）组装前锚索应平直、除油和除锈；

3）沿锚固体轴线方向每隔 1 m 应设一个对中支架，锚固体的保护层应不小

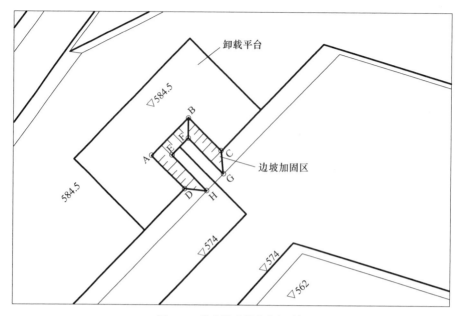

图 8-8　破碎站边坡加固区域

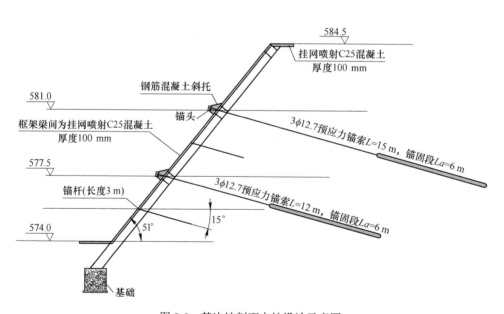

图 8-9　某边坡剖面支护设计示意图

于 20 mm，预应力筋（包括注浆管）应绑扎牢固，绑扎材料不宜用镀锌材料；

4）锚固体自由段应用塑料管包裹，与锚固段相交处的塑管管口应密封并用铅丝绑紧；

5）锚固体应按防腐要求进行防腐处理；

6）锚固体插入孔内的深度不应小于锚索总长度95%，锚固体安放后不能随意敲击，不得悬挂重物。

（4）锚索注浆应满足如下要求：

1）注浆材料选用水泥净浆，采用 P.O 42.5 MPa，水灰比应控制在 0.4～0.5，必要时可加入一定量的外加剂掺和料；

2）注浆浆液应搅拌均匀，随搅随用，浆液应在初凝前用完，并严防石块、杂物混入浆液；

3）注浆作业开始和中途停止较长时间，再作业时宜用水或稀水泥浆润滑注浆泵及注浆管路；

4）锚索孔注浆必须密实饱满，注浆管应插至距孔底部控制在 50～100 mm；

5）孔口溢出浆液时，可停止注浆，浆体硬化后不能充满锚固体时，应进行补浆；

6）当采用一次注浆锚索基本试验结果不能满足设计要求时，应进行二次注浆，二次注浆应在一次注浆形成的结石体达到 5.0 MPa 后进行，采用水灰比 0.45～0.5，注浆压力和注浆时间可根据锚固段的体积确定。

（5）框架梁采用 C25 钢筋混凝土。

挂网喷射混凝土：

（1）喷射混凝土材料：混凝土采用 C25，喷射材料应搅拌均匀，随拌随用。

（2）水泥浆体及喷射的混凝土应进行抗压强度试验，混凝土喷面每 100 m² 取一组，每组试块不得少于 6 块。

（3）钢筋网的使用：

1）应按施工图纸的要求，在指定部位进行喷射混凝土前布设钢筋网；

2）钢筋网搭接长度不应小于 20 cm 和一倍网孔间距（15 cm），并应进行绑扎；

3）使用工厂生产的定型钢筋网时，其钢筋间距应不小于 200 mm，并应经过喷射混凝土试验选择骨料的粒径和级配，钢筋网应与锚索或其他锚定装置连接牢固，喷射时，钢筋网不得晃动；

4）钢筋采用直径为 10 mm 的 HPB235 级钢筋。

（4）挂网喷混凝土施工。钢筋网应根据被支挡围岩面上的实际起伏形状铺设，在初喷一层混凝土后再铺设。钢筋使用前进行清除污锈。为便于挂网安装，将钢筋网先加工成网片。钢筋网应与锚杆或框架梁预埋件连接牢固，并应尽可能多点连接，压网钢筋应与锚筋焊接牢固，以减少喷混凝土时使钢筋网发生振动现象。在开始喷射时，应适当缩短喷头至受喷面的距离，并适当调整喷射角度，使钢筋网背面混凝土达到密实。

8.4.3 露天煤矿地质公园沉陷区治理案例

8.4.3.1 矿山地质环境概况

露天煤矿地处辽宁省阜新市区南部太平区境内、阜新市细河南岸、距阜新火车站 3 km。全矿占地 26.82 km²，其中，采场 6 km²，排土场及排矸厂 14.8 km²，工业广场 3.84 km²，住宅及生活设施 2.18 km²。露天矿东西长 3.9 km，南北宽 1.8 km。采场东南部为高德煤矿，南部为孙家湾街道，西南部为高德一号井、七坑和五龙煤矿，西部为平安煤矿，西北部为阜新发电厂和阜新矿务局机电修配厂，北部为太平街道和高德街道，露天矿概貌如图 8-10 所示。

图 8-10 露天煤矿概貌图

A 工程地质条件

露天煤矿是阜新含煤盆地主要含煤地层，该地层共有 6 个煤层群，其埋藏顺序（由上而下）如下：水泉层群、孙家湾群层、中间层群、太平上下群层及高德层群。其中除高德层群未被揭露外其余 5 个层群均被露天采剥。表层第四纪冲积层，主要分布在露天北部细河两岸及东南端邦旧河床地带，厚度为 5~16 m，是矿区内主要含水地层，下伏与侏罗系岩层呈角度不整合接触。

阜新含煤地层为陆相盆地沉积，岩性由颗粒不等的砂岩、砂砾岩、砂质页岩和煤层构成，岩相和厚度变化均较大，可采煤层顶板以上岩层是由粗颗粒砂岩、砂砾岩和厚层砂质页岩构成。煤层底板以下岩层是由泥质砂页、砂岩夹薄煤层构成。泥质砂页岩层层理发育，风化后多呈薄片状碎块，遇水后软化呈可塑状，岩石内自然含水率较高，力学强度低于煤层顶板上岩层。露天主要聚煤区在露天中部，太平上层和太平下层煤在露天中区合并成一厚煤层。最大厚度可达 80~90 m，向东西两侧分别变薄，中间层煤在露天中部亦为一个厚煤层，延至东端邦分成 2~3 个薄层，孙家湾本层在背斜北翼为单一厚煤层至南翼则变成马尾状薄层呈煤岩交互层。岩层基本上为单斜构造，岩层走向一般为 N50°~E80°或 EW 向，倾向为 SE，倾角为 18°~22°。

太平下层底板以下岩石是非工作帮，里面共赋存 8 个弱层，其间距 5~20 m。弱层是薄煤层及其顶板上 0.2~0.3 m 厚的炭质页岩或泥质页岩层，炭质和泥质页岩主要矿物成分为蒙脱土，饱和水时呈塑性状态，力学指标极低，是露天矿历次滑坡的主要弱结构面。1~3 号弱层在太平中部一号断层以西，在不同深度与太平下层底板合并。1 号和 2 号弱层在西区已全部清理掉，3 号弱层自然含水量大，是西区主要滑动层。4~7 号弱层全区均有。在中区，由于断层影响，岩石破碎，而且含水丰富，6~7 号弱层是主要滑动层。采场东区含有 6 个弱层：4 号、5 号、6 号、7 号、8 号和 9 号，4 号弱层在东区变厚并分为 2 层，7 号、8 号和 9 号对边坡稳定性影响较大，是东区主要滑动层，第 36 次边坡失稳是因该区清帮过程中 7 号弱层被切割所致。

    B 地质构造特征

露天矿地层是由中上白垩系盆地所构成，盆地两侧有大巴—锦州和傲喇嘛荒—兴隆沟两断裂带所构成的一个条形地堑。煤系地层形成后由于继续受近南北向力偶作用结果，则派生出了近东西向挤压应力，致使地堑中原来水平状态的岩层发生弯曲。因此，在地堑内出现了近东西向的短背斜雁行式构造体系，露天煤层即为这些短背斜构造之海州背斜。图 8-11 为露天煤矿东区主要断层分布特征。

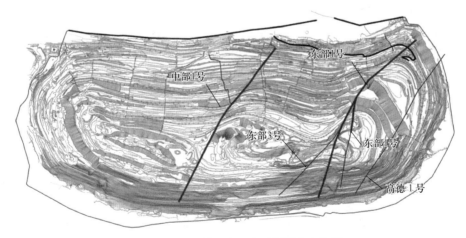

图 8-11 露天煤矿东区主要断层分布特征

（1）断层构造：露天构造行迹是受新华夏平行力偶作用而派生出的主压应力

所构成。已查明露天境内共有大小断层 9 条，其中太中一号（F 中 1）和太东一号（F 东 1）两条断层为最大，横切各煤（岩）层将露天矿坑分割成三个自然区，煤层由于受断层切割给采矿工程带来困难，同时也给边坡稳定带来极大危害。

（2）向斜构造：向斜底部平坦宽阔，是露天主要聚煤区，因其盆底平坦宽阔故利于边坡稳定。

（3）背斜构造：该岩层构成露天顶帮边坡，其轴向亦平行岩层走向，倾覆南西，两翼岩层变陡，在近轴部北翼岩层倾角 40°~60°，南翼岩层倾角达 50°~70°。背斜构造主要发育在露天西区和中区，向东区逐渐平缓。节理裂隙发育状况：按节理裂隙产状与煤岩切割关系为横向裂隙、斜交裂隙和纵向裂隙最为发育，斜交裂隙主要出现在断层带，对边坡有一定影响。纵向裂隙因裂隙大而宽，贯通性强，对边坡的稳定性影响很大。

露天矿田地质构造形迹，是受阜新煤田新华夏系构造体系控制，受平行力偶作用而派生的主应力作用所构成，主应力方向面为 N10°~W30°，在其作用下，岩层发生弯曲形成背向斜褶曲构成，应力不断持续作用和地质边界条件改变，并在重力作用下，产生一系列斜交正断层。

褶曲构造总体上为单斜构造，煤岩层走向 N60°~E80°，倾角 18°~22°，南部和深部呈背向斜构造，背斜轴与向斜轴基本平行，走向 N50°~E80°，倾向 SE20°~25°，背向斜两翼倾角变化较大，矿田范围内有正断层 11 个，将煤系地层切割成若干块段，其中太平中部一号和太平东部一号两断层落差 10~100 m，贯穿矿田南北境界所有煤岩层，将露天沿走向切割成三大区域：西区、中区和东区。地质构造总体是西区较简单，中区和东区较复杂。

8.4.3.2 公园沉陷区现状

受露天矿高陡边坡的影响，紧邻露天矿边坡的公园环岛路崎岖不平，广场南半部出现沉陷、隆起、裂缝现象，人行道出现拉裂缝，严重影响了公园场区的功能使用。广场及周边区域变形破坏特征如图 8-12 所示。

8.4.3.3 公园沉陷区治理

公园主题广场现场破坏范围大，后期有继续破坏的可能。为减缓不均匀沉降引起地表开裂，该修复治理方案设计采用"钢筋混凝土板、钢筋混凝土桩配土工格栅"的综合治理方案。

灌注桩的施工工艺主要有螺旋钻孔灌注桩、旋挖钻孔灌注桩、回转钻孔灌注桩。根据现场实际情况，施工推荐回转钻孔灌注桩施工工艺。

施工工艺流程为治理区域清理—桩孔施工—浇筑钢筋混凝土桩—开挖、铺设土工格栅、回填碾压—浇筑混凝土垫层—铺设水泥砂浆—铺设理石板。

各层施工材料分布断面图如图 8-13 所示。根据施工顺序，分别叙述各工艺施工方法。

广场变形　　　　　　人行道变形

环岛路变形　　　　　　　广场变形

图 8-12　广场及周边区域变形破坏特征

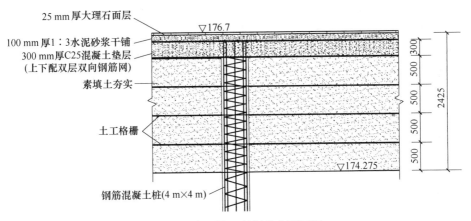

图 8-13　各层施工材料分布断面图

A　钢筋混凝土桩施工方案

根据主题广场治理区域地层分布，考虑一定受载情况，计算确定各桩间距及每桩参数。计算所得，在治理区域内裂缝内按 4 m×4 m 间距布设钢筋混凝土桩，裂缝外按 6 m×6 m 间距布设钢筋混凝土桩，共 76 根桩，每桩直径为 0.5 m。

主题广场区域勘察资料缺失，根据主题广场治理区域附近疏干巷道所在位置地层情况，确定桩深为 10 m 时可以到基岩层，该设计治理区域桩深度均暂取 10 m，施工过程中根据实际情况可加深钻孔深度至基岩。

钢筋混凝土桩一般施工工艺流程为：

场地清理→测量放线定桩位→桩机就位→钻孔取土成孔→清除孔底沉渣→成孔质量检查验收→吊放钢筋笼→浇筑孔内混凝土。具体如下：

（1）测定桩位。测定桩位需要清理治理区域广场理石板，平整清理区域，设置桩基轴线定位点和水准点，根据桩位平面布置施工图，定出每根桩的位置，并做好标志。施工前，桩位要检查复核，以防被外界因素影响而造成偏移。

（2）埋设护筒。护筒的作用是固定桩孔位置，防止地面水流入，保护孔口，增高桩孔内水压力，防止塌孔，成孔时引导钻头方向。护筒用 4~8 mm 厚钢板制成，内径比钻头直径大 100~200 mm，顶面高出地面 0.4~0.6 m，上部开 1~2 个溢浆孔。埋设护筒时，先挖去桩孔处表土，将护筒埋入土中，其埋设深度，在黏土中不宜小于 1 m，在砂土中不宜小于 1.5 m。其高度要满足孔内泥浆液面高度的要求，孔内泥浆面应保持高出地下水位 1 m 以上。采用挖坑埋设时，坑的直径应比护筒外径大 0.8~1.0 m。护筒中心与桩位中心线偏差不应大于 50 mm，对位后应在护筒外侧填入黏土并分层夯实。

（3）泥浆制备。泥浆的作用是护壁、携砂排土、切土润滑、冷却钻头等，其中以护壁为主。泥浆制备方法应根据土质条件确定：在黏土和粉质黏土中成孔时，可注入清水，以原土造浆，排渣泥浆的密度应控制在 1.1~1.3 g/cm³；在其他土层中成孔，泥浆可选用高塑性（$I_p \geqslant 17$）的黏土或膨润土制备；在砂土和较厚夹砂层中成孔时，泥浆密度应控制在 1.1~1.3 g/cm³；在穿过砂夹卵石层或容易塌孔的土层中成孔时，泥浆密度应控制在 1.3~1.5 g/cm³。施工中应经常测定泥浆密度，并定期测定黏度、含砂率和胶体率。泥浆的控制指标为黏度在 18~22 s 范围内、含砂率不大于 8%、胶体率不小于 90%，为了提高泥浆质量可加入外掺料，如增重剂、增黏剂、分散剂等。施工中废弃的泥浆、泥渣应按环保的有关规定处理。

（4）钻进成孔。回转钻成孔是国内灌注桩施工中最常用的方法之一。按排渣方式不同分为正循环回转钻成孔和反循环回转钻成孔两种：

正循环回转钻成孔由钻机回转装置带动钻杆和钻头回转切削破碎岩土，由泥浆泵往钻杆输进泥浆，泥浆沿孔壁上升，从孔口溢浆孔溢出流入泥浆池，经沉淀处理返回循环池。正循环成孔泥浆的上返速度低，携带土粒直径小，排渣能力差，岩土重复破碎现象严重，适用于填土、淤泥、黏土、粉土、砂土等地层，对于卵砾石含量不大于 15%、粒径小于 10 mm 的部分砂卵砾石层和软质基岩及较硬基岩也可使用。桩孔直径不宜大于 1000 mm，钻孔深度不宜超过 40 m。一般砂土层用硬质合金钻头钻进时，转速取 4080 r/min，较硬或非均质地层中转速可适当调慢，对于钢粒钻头钻进时，转速取 50~120 r/min，大桩取小值，小桩取大值；对于牙轮钻头钻进时，转速一般取 60~180 r/min，在松散地层中，应以冲洗液畅通和钻渣清除及时为前提，灵活确定钻压；在基岩中钻进时，可以通过配置加重链或重块来提高钻压；对于硬质合金钻钻进成孔，钻压应根据地质条件、钻杆与桩孔的直径差、钻头形式、切削具数目、设备能力和钻具强度等因素综合确定。

反循环回转钻成孔由钻机回转装置带动钻杆和钻头回转切削破碎岩土，利用泵吸、气举、喷射等措施抽吸循环护壁泥浆，挟带钻渣从钻杆内腔抽吸出孔外的成孔方法。根据抽吸原理不同可分为泵吸反循环、气举反循环和喷射（射流）反循环三种施工工艺，泵吸反循环是直接利用砂石泵的抽吸作用使钻杆的水流上升而形成反循环；喷射反循环是利用射流泵设出的高速水流产生负压使钻杆内的水流上升而形成反循环；气举反循环是利用送人压缩空气使水循环，钻杆内水流上升速度与钻杆内外液柱重度差有关，随孔深增大效率增加。当孔深小于 50 m 时，宜选用泵吸或射流反循环；当孔深大于 50 m 时，宜采用气举反循环。

（5）清孔。当钻孔达到设计要求深度并经检查合格后，应立即进行清孔，目的是清除孔底沉渣以减少桩基的沉降量，提高承载能力，确保桩基质量。清孔方法有真空吸泥渣法、射水抽渣法、换浆法和掏渣法。清孔应达到如下标准才算合格：一是对孔内排出或抽出的泥浆，用手摸捻应无粗粒感觉，孔底 500 mm 以内的泥浆密度小于 1.25 g/cm³（原土造浆的孔则应小于 1.1 g/cm³）；二是在浇筑混凝土前，孔底沉渣允许厚度符合标准规定，即端承桩不大于 50 mm，摩擦端承桩、端承摩擦桩不大于 100 mm，摩擦桩不大于 300 mm。

（6）吊放钢筋笼。清孔后应立即安放钢筋笼、灌注混凝土。钢筋笼一般都在工地制作，制作时要求主筋环向均匀布置，箍筋直径及间距、主筋保护层、加劲箍的间距等均应符合设计要求。分段制作的钢筋笼，其接头采用焊接且应符合施工及验收规范的规定。钢筋笼主筋净距必须大于 3 倍的骨料粒径，加劲箍宜设在主筋外侧，钢筋保护层厚度 50 mm。可在主筋外侧安设钢筋定位器，以确保保护层厚度。为了防止钢筋笼变形，钢筋笼上每隔 2 m 设置一道加强箍，并在钢筋笼内每隔 3~4 m 装一个可拆卸的十字形临时加劲架，在吊放入孔后拆除。吊放钢筋笼时应保持垂直、缓缓放入，防止碰撞孔壁。

（7）灌注混凝土。用导管灌注混凝土，灌注时混凝土不要中断。

　　B　开挖回填铺设土工格栅

　　对治理区域实施开挖，开挖面积为 1643.2 m²，开挖深度为 2.425 m。开挖素土就近堆积，回填备用。土工格栅处理深度为 2 m，每隔 0.5 m 铺设一层土工格栅，分层回填素土碾压，治理区域共铺设 4 层土工格栅。

　　土工格栅铺设注意事项如下：

　　（1）铺设土工格栅，土工格栅型号 CATTX80-30，土工格栅铺设时底面应平整、密实，一般应平铺、拉直、不得重叠，不得卷曲、扭结，相邻的两幅土工格栅需搭接 0.2 m，并沿横向对土工格栅搭接部分每隔 1 m 用 8 号铁丝进行穿插连接。

　　（2）其上下层接缝应交替错开，错开距离不小于 0.5 m。严禁碾压及运输设备直接在土工合成材料上碾压或行走作业。

　　C　钢筋混凝土板施工

　　回填碾压铺设土工格栅至设计标高后，开始绑扎钢筋混凝土板钢筋网，浇筑混凝土。具体步骤为：

　　（1）绑扎钢筋，采用双向双层钢筋网，上部钢筋直径为 16 mm，间距为 300 mm，下部钢筋直径为 20 mm，间距为 250 mm。

　　（2）混凝土浇筑：

　　1）300 mm 厚的 C25 混凝土，采用人工摊铺平板振动器振捣，振捣器的移动间距，应能保证振动器的平板覆盖已振捣的边缘，且捣密实；

　　2）混凝土应连续浇筑，间歇时间不应超过 2 h；

　　3）采用平板式振动器振捣，振动器在每一位置应连续振动一定时间，一般情况下为 25~40 s，以混凝土面层均匀出现浆液为准；

　　4）移动时应成排依次振捣前进，前后位置、排与排之间应相互搭接 30~50 mm；

　　5）混凝土振捣密实后，按事先做好的控制标高桩找平，表面应用木抹子搓平。

　　（3）混凝土的养护：

　　1）在浇筑完毕后的 12 h 以内对混凝土浇水养护（当日平均气温低于 5 ℃时，不得浇水）；

　　2）混凝土浇水养护的时间：对采用硅酸盐水泥、普通硅酸盐水泥或矿渣硅酸盐水泥拌制的混凝土，不得少于 7 d；

　　3）浇水次数应能保持混凝土处于湿润状态；

　　4）钢筋混凝土板强度达到设计强度后，上铺 100 mm 厚 1:3 水泥砂浆，干铺；

　　5）水泥砂浆上铺宽 600 mm，高度 25 mm 的方形理石面层。

8.5 边坡监测

8.5.1 边坡变形监测方法

露天矿地质条件的复杂性、边坡影响因素的多样性决定了边坡监测是保证露天矿安全生产的不可或缺的手段。目前露天矿边坡常用的监测方案主要包括边坡体表面变形监测与边坡体内部应力、变形、损伤监测两种。现将边坡变形监测技术方法介绍如下。

8.5.1.1 传统大地测量方法

传统大地测量法主要是采用经纬仪、水准仪、测距仪等对边坡进行变形监测，这种方法需要在边坡体上布设监测点，并通过定期的观测，获取监测点的大地坐标，以分析监测点的变化趋势。该方法发展到现在，已经相当成熟，所监测的数据有较强的可靠性，并且监测成本也比较低，但是由于其监测效率较低、工作量大、周期长，难以实时监测地表位移的变化，而且光学仪器受环境气候及地形条件的影响较大，现逐渐被其他监测方法所取代。

8.5.1.2 测量机器人技术

测量机器人（GeoRobot）是一种可以替代人工自动搜索、跟踪、辨识和精确瞄准目标并获得角度、距离、高程及三维坐标等数据的电子全站仪，它能够实现测量的自动化和智能化，在进行小区域变形监测时，其具备高精度、方便快捷、远程无接触监测等优势。李海铭以 TM 30 测量机器人为研究对象，建立边坡监测系统，该系统由监测网，测量机器人系统，数据处理及预警系统组成，比传统全站仪提高了工作效率，外业测量结果证明，该系统能够实现数据采集，数据处理及危险预警的"三位一体"化，达到自动化程度高，数据精度高，工作效率高的"三高"目标[100]。孙华芬等认为测量机器人自动监测系统通过获取监测点三维坐标值，比较不同时间的变形值，移动速度等，能快速而准确地掌握边坡稳定性信息，与传统的监测技术相比，其在监测精度、时效性及自动化程度上均具有一定的优势，通过有线或无线方式进行远程遥控监测，节省监测人力物力[101]。徐茂林等采用 TM 30 测量机器人对鞍山某露天矿进行边坡位移监测，并建立了变形监测预警系统，其研究表明，相比于传统测量方法，该系统实现了变形监测数据的自动采集、处理和预警的一体化，极大地提高了测量效率、降低了成本[102]。宁殿民等采用 TM 30 测量机器人对排岩场进行位移监测，并对其观测数据进行了分析和论证，研究结果具有很强的可靠性和可行性[103]。

8.5.1.3 "3S" 技术

"3S" 技术是全球定位系统（GPS）、遥感技术（RS）、地理信息系统

（GIS）三者的统称，其在进行边坡监测时，各监测点间不需要彼此互相通视，其自动化程度高，具有远程、全天候、实时、高精度等优点[104-109]。

GNSS 即全球卫星导航定位系统（Global Navigation Satellite System），目前 GNSS 泛指美国的 GPS、俄罗斯的 GLONASS、欧盟的 GALILEO 以及中国的 COMPASS（北斗），目前使用范围较多的是美国的 GPS 系统。GNSS 由空间部分、地面监控部分和用户接收机三部分组成。经过 20 多年的研究和试验，整个系统于 1994 年完全投入使用。在地球上任何位置、任何时刻 GNSS 可为各类用户连续地提供动态的三维位置、三维速度和时间信息，实现全球、全天候的连续实时导航、定位和授时。目前 GNSS 已在大地测量、精密工程测量、地壳形变监测、石油勘探等领域得到广泛应用。

通过近十多年的实践证明，利用 GNSS 定位技术进行精密工程测量和大地测量，平差后控制点的平面位置精度为 1~2 mm，高程精度为 2~3 mm。应该说：利用 GNSS 定位技术进行变形监测，是一种先进的高科技监测手段，而用 GNSS 监测滑坡是 GNSS 技术变形监测的一种典型应用，通常有两种方案：（1）用几台 GNSS 接收机，由人工定期到监测点上观测，对数据实施处理后进行变形分析与预报；（2）在监测点上建立无人值守的 GNSS 观测系统，通过软件控制，实现实时监测解算和变形分析、预报。

利用 GNSS 定位技术进行滑坡等地质灾害监测时具有下列优点：

（1）测站间无需保持通视。由于 GNSS 定位时测站间不需要保持通视，因而可使变形监测网的布设更为自由、方便。可省略许多中间过渡点（采用常规大地测量方法进行变形监测时，为传递坐标经常要设立许多中间过渡点），且不必建标，从而可节省大量的人力物力。

（2）可同时测定点的三维位移。采用传统的大地测量方法进行变形监测时，平面位移通常是用方向交汇、距离交汇、全站仪极坐标法等手段来测定；而垂直位移一般采用精密水准测量的方法来测定。水平位移和垂直位移的分别测定增加了工作量。且在山区等地进行崩滑地质灾害监测时，由于地势陡峻，进行精密水准测量也极为困难。改用三角高程测量来测定垂直位移时，精度不够理想。而利用 GNSS 定位技术来进行变形时则可同时测定点的三维位移。由于我们关心的只是点位的变化，故垂直位移的监测完全可以在大地高系统中进行。这样就可以避免将大地高转换为正常高时由于高程异常的误差而造成的精度损失。虽然采用 GNSS 定位技术来进行变形监测时，垂直位移的精度一般不如水平位移的精度好，但采取适当措施后仍可满足要求。

（3）全天候观测。GNSS 测量不受气候条件的限制，在风雪雨雾中仍能进行观测。这一点对于汛期的崩塌、滑坡、泥石流等地质灾害监测是非常有利的。

（4）易于实现全系统的自动化。由于 GNSS 接收机的数据采集工作是自动进行的, 而且接收机又为用户预备了必要的入口, 故用户可以较为方便地把 GNSS 变形监测系统建成无人值守的全自动化的监测系统。这种系统不但可保证长期连续运行, 而且可大幅度降低变形监测成本, 提高监测资料的可靠性。

(5) 可以获得毫米级精度。毫米级的精度已可满足一般崩滑体变形监测的精度要求。需要更高的监测精度时应增加观测时间和时段数。正因为 GNSS 定位技术具有上述优点, 因而在滑坡、崩塌、泥石流等地质灾害的监测中得到了广泛的应用, 成为一种新的有效的监测手段。

利用 GNSS 定位技术进行地质灾害监测时也存在一些不足之处, 主要表现在: 点位选择的自由度较低。为保证 GNSS 测量的正常进行和定位精度, 在 GNSS 测量规范中对测站周围的环境作出了一系列的规定, 如测站周围高度角 15°以上不允许存在成片的障碍物; 测站离高压线、变压器、无线电台、电视台、微波中继站等信号干扰物和强信号源有一定的距离 (例如 200~400 m); 测站周围也不允许有房屋、围墙、广告牌、山坡、大面积水域等信号反射物, 以避免多路径误差。但在崩滑体的变形监测中上述要求往往难以满足, 因为监测点的位置通常是由地质人员根据滑坡、断层的地质构造和受力情况而定, 有时又要考虑利用老的观测墩和控制点。测量人员的选择余地不大, 从而使不少变形监测点的观测条件欠佳。

8.5.1.4 地面三维激光扫描技术

地面三维激光扫描 (Terrestrial Laser Scanning, TLS) 是一种远程无接触式测量方法, 它是通过扫描的方式获取边坡体的点云数据, 并将其直观、形象地体现出来, 具有测量速度快、数据分布均匀、精度高等优点。赵小平等采用 Trimble GX200 三维激光扫描仪获取点云数据, 通过扫描数据处理软件获得 DEM 数据, 结果表明, 采用本书技术可获取边坡的 DEM 及边坡形态, 为边坡变形监测与灾害预报提供基础数据[110]。徐茂林等将三维激光扫描技术应用在鞍山某露天矿的边坡监测项目中, 证明了该项技术能很好表现出边坡的整体变化, 且监测结果与边坡实际变化相符[111]。杜祎玮等分析了三维激光扫描技术中点云数据获取高质量化、点云覆盖范围最大化、点云数据处理高精度化的发展趋势, 指出三维激光扫描技术与新型测量技术和人工智能算法相结合, 开发数据处理软件融入矿山数据管理平台是实现智慧矿山的重要保障[112]。王旭等利用三维激光扫描系统对边坡稳定性进行实时监测, 针对重点区域绘制了累积位移变化曲线, 研究了爆破作用对边坡稳定性的影响[113]。韩亚等用先进的三维激光扫描技术对边坡进行了基于三角网格的土方量计算, 基于点云的坡度计算, 基于 mesh 网格的等高线分布, 提出了一种模糊综合评价方法, 将土方量变化、坡度变化和等高线分布变化作为三个评价因子分析了边坡稳定性变化趋势[114]。

8.5.1.5 InSAR 技术

InSAR 技术是一种新型的边坡监测方法，因其高精度、全天候、设站灵活、实时连续观测等特点，目前正受到众多科研工作者的青睐和认可，并都取得了一定的成绩。钱雨扬等提出了联合 InSAR 与坡向约束的露天矿边坡三维形变监测方法，以辽宁省阜新市新邱矿区作为研究区域，实现了仅基于升降轨 InSAR 数据的露天矿边坡三维形变监测[115]。刘斌等采用地基 InSAR 连续观测模式，通过简单网络组合方式对相邻时刻影像两两干涉处理，在远离爆破点的坚硬铁矿岩石上选取信噪比和相干性高的像元作为稳定参考点，建立环境因素相位时序校正曲线以消除环境干扰的影响，评估了爆破作业对露天采矿边坡的稳定性影响[116]。张飞等针对某露天矿南帮边坡在蠕动变形过程中显现出的滑体形态，在滑体东部和南部边界形态已知的情况下，采用现场测量，InSAR 卫星监测确定了西部边界的地表形态[117]。杨红磊等提出采用地基合成孔径雷达干涉测量技术（GB-InSAR）监测露天矿边坡，和常规测量方式相比，该技术具有高的空间分辨率和测量精度，可实现与地形无关的差分干涉技术，能够反映边坡的整体位移趋势，为露天矿边坡的运动历程分析提供了可靠的信息[118]。

8.5.2   露天煤矿边坡监测案例

以第 3 章中介绍的哈密某露天煤矿为例，本节介绍常用监测手段在露天煤矿边坡监测方面的应用。前述章节分析研究结果表明，随着煤炭资源的不断开采，南北端帮边坡高度逐渐增加，边坡存在失稳滑塌的风险。因此，需建立起有效的动态监测系统，对采掘场、外排土场边坡变形进行实时监测，能够提前预报可能发生的边坡滑塌事故，保证露天煤矿的安全连续生产。结合现场实际情况，共提出测量机器人与 GPS 边坡地表位移监测系统、静态 GPS 边坡地表位移监测系统、GPS 边坡地表位移监测+地下应力监测、边坡雷达地表位移监测共四种监测方案。各方案特点与布设方式如下：

8.5.2.1   测量机器人与静态 GPS 方案

综合采用测量机器人与 GPS 地表位移自动监测系统，结合现有地下测斜监测，对露天矿边坡进行实时监测。该方案综合了测量机器人单点费用低的特点，重点对北帮进行密集型监测，利用 GPS 监测速度快、选点灵活、布网方便、测站间无需通视的特点对北帮进行次重点、少量监测点监测。

测量机器人监测重点为露天矿的北帮及北排土场，布置 17 个测量机器人监测点，根据后期监测情况增加监测点数量；GPS 监测系统是对露天矿南帮边坡进行监测，布置 4 个监测点，根据后期监测情况，调整监测点布设方案。测量机器人与静态 GPS 联合布置方案如图 8-14 所示。

测量机器人变形监测系统主要是利用测量机器人本身所具有的伺服马达和自

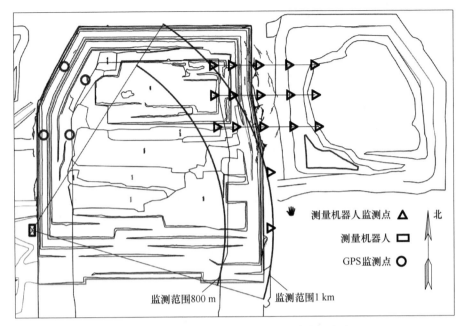

测量机器人监测点 △　北
测量机器人 □
GPS监测点 ○

监测范围800 m　监测范围1 km

图8-14　测量机器人与静态 GPS 联合布置方案

动照准功能，通过通信，由计算机程序控制仪器完成自动测量、自动数据处理、自动发送数据、数据预警等操作，可实现测量和变形监测全自动化。在测站上瞄准观测点的起始方向，仪器在目标自动识别装置（ATR）的驱动下，将自动依序按方位角差的大小，对目标（棱镜）进行识别、瞄准；仪器瞄准目标后，向目标（棱镜）发射激光，激光被棱镜反射回来，由 CCD 相机捕获，计算出反射光的中心位置，并换算成水平角（或垂直角）改正数，根据改正数由伺服马达步进到棱镜的中心位置，精确瞄准、自动记录观测数据。根据不同时间观测到的数据可以判断出边坡的位移情况，从而达到对边坡进行监测的目的。

测量机器人变形监测系统主要由两部分构成：自动监测模块和数据处理模块。如图 8-15 所示。

该项目地表位移监测点布设在矿坑的北帮，测量机器人变形监测系统项目主要由四部分组成：观测传感器（1 台自动全站仪）、变形点-监测点棱镜、观测房现场控制系统、远程控制中心，如图 8-16 所示。

系统运行模式如下：整个观测现场建立由 1 台智能全自动全站仪和参考控制点组成的坐标基准，在关键的边坡变形点上布设监测点棱镜；由自动全站仪对监测点棱镜按照设定周期进行观测，实时地把变形点的三维坐标通过数据线传到系统现场控制中心；现场控制中心主要由安装在台式计算机上的监测系统软件运行，通过系统软件可以实时在现场了解各个变形点的变形情况。也可以通过无线

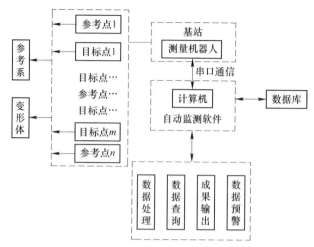

图 8-15   测量机器人变形监测系统组成

图 8-16   测量机器人观测房实拍

局域网络通过远程桌面控制方式，从控制中心控制、查看和下载数据。

为实现计算机控制全站仪进行无人值守的观测，良好的数据通信系统相当重要，本监测系统采用有线通信和无线通信相结合的方式，现场控制采用有线方式通过网络交换机，将所有设备和现场台式机、无线网桥连接在一起。控制中心用于远程控制的台式计算机则通过无线网桥和现场所有设备构成局域网。

控制中心主要由一台台式计算机和可连接到现场的无线局域网络构成，该台式计算机上只需安装 Windows 远程桌面控制软件即可通过连接和控制位于现场的工作站进行监测系统软件的控制、数据查看和下载。

8.5.2.2   静态 GPS 地表位移监测方案

该监测方案全部采用 GPS 地表位移自动监测系统，结合现有的地下测斜监测，对露天矿边坡进行实时监测。该方案利用 GPS 监测速度快、选点灵活、布网方便、测站间无需通视的特点对南北帮边坡地表进行监测。监测重点为露天矿的北帮及北排土场，布置两条监测线共 8 个 GPS 监测点。露天矿南帮边坡布置 3 个 GPS 监测点。根据后期监测情况增加监测点。监测点布设方案如图 8-17 所示。

GPS 监测技术的优点是测量精度高、选点灵活、布网方便、测站间无需通视、操作简单、全天候作业。其基本原理是：在基准站上设置 1 台 GPS 接收机，对所有可见 GPS 卫星进行连续地观测，并将其观测数据通过无线电传输设备，实时地提供给观测站，在观测站上，GPS 接收机在接收 GPS 卫星信号的同时，通过无线电接收设备，接收基准站传输的观测数据，然后根据相对定位原理，实时解算观测点的三维坐标。该系统由 GPS 接收设备、数据传输设备、软件系统。GPS 接收设备主要由 GPS 接收机、通信设备、太阳能供电设备等组成，如图 8-18 所示。

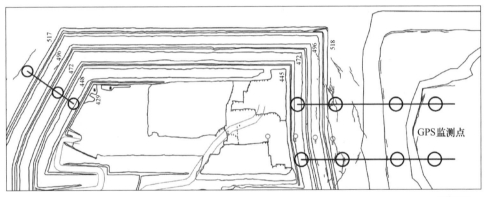

图 8-17 GPS 监测点布设方案

彩图
请扫码

图 8-18 GPS 监测点实例

GPS 监测时监测基站与校验基站应满足以下条件：（1）设站处土质要坚实，地质结构要高度稳定；（2）地势高，视野要开阔；（3）周围 200 m 范围内不得有强电磁干扰（比如无线电台、高压线、微波站、自动气象台等），且不得有能导致多路径效应的 GPS 信号反射体（比如大面积水域，高大建筑物等），要尽量避开交通要道、过往行人的干扰。

GPS 观测墩采用钢筋混凝土材料建造，混凝土施工时应满足如下要求：（1）采用的水泥标号应不低于 425，制作不受冻融影响的混凝土观测墩，应优先采用矿渣和火山灰质水泥，不得使用粉煤灰水泥。制作受冻融影响的混凝土观测墩，宜使用普通硅酸盐水泥。（2）石子采用级配合格的 5~40 mm 的天然卵石或坚硬碎石，不宜采用同一尺寸的石子。（3）沙子采用 0.15~3 mm 粒径的中砂，含泥量不得超过 3%。（4）水须采用清洁的淡水，硫酸盐含量不得超过 1%。（5）外加剂可根据施工环境选用，如早强剂、减水剂、引气剂等，其质量应符合相应规定，不得使用含氯盐的外加剂。

在条件允许的情况下采用矿用电力系统用电，在不方便牵引的情况下采用太阳能供电的方式。太阳能供电系统采用太阳能和蓄电池联合供电方式。监测采用 50 W 的太阳能电池板和 100 A·h 的蓄电池，这样的好处是安全、容易避雷、省工，而且在没有太阳的情况下可以连续工作 7 天。由于该监测方案的特点是远程控制、远程管理、实时自动化监测、数据双向通信等特点，所以数据通信包括两个部分，即控制中心通信部分和监测单元数据通信部分。根据现场情况，选择无线网桥通信方式。在连续运行的 GPS 监测站和参考站一定要考虑到防雷电措施，雷电所产生的高电压电磁脉冲对没有相应保护措施，如同轴电缆、天线、数据通信电缆、电源电缆产生强烈的毁坏作用，直接损坏所连接的电子设备，所以必须安装避雷电接地端。现场监测时，在观测墩上直接安装普通避雷针，避雷针选用直径 16 mm 不锈钢制作。

8.5.2.3　静态 GPS 地表位移监测与地下应力监测方案

该方案是在 GPS 地表位移自动监测系统监测方案的基础上增加地下应力监测手段，对边坡地表及地下进行立体综合监测。GSP 方案已在上一方案中详细介绍，下面着重介绍地下应力监测手段。监测方案仍以露天矿北帮边坡为监测重点，布置两条 GPS 监测线共 8 个 GPS 监测点加一个地下应力监测点。露天矿南帮边坡布置 3 个 GPS 监测点加一个地下应力监测点，如图 8-19 所示。

A　地下应力监测原理

滑坡地质灾害发生之前，边坡岩体内应力会不断发生变化，当滑动力大于岩土体的滑动抗力后，会发生变形和滑动。应力的变化超前于位移的发生，捕捉边坡岩体内应力的变化优于对岩体位移的监测。该监测系统适用于各种类型的岩土体边坡滑坡灾害监测，也可用于其他岩体边坡应力及其加固结构工作状态的监测。系统实时智能自动监测的技术优势便于科学和工程技术人员及时掌握工程岩体的稳定性，为岩土工程的研究和滑坡灾害的有效防治提供科学依据。

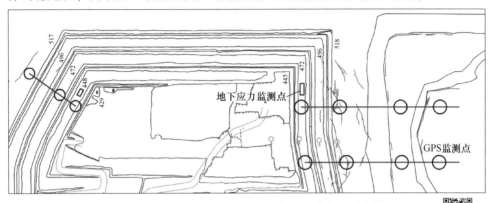

图 8-19　静态 GPS 地表位移监测与地下应力监测实例

彩图请扫码

　　边坡滑动破坏面以上部分称为滑体，以下部岩体称为滑床，应力锚索设计均需要穿过滑动面与滑床锚固。滑坡地质灾害发生之前，边坡岩体内应力会不断发生变化，当滑动力大于岩土体的滑动抗力后，会发生变形和滑动。应力的变化超前于位移的发生，捕捉边坡岩体内应力的变化优于对岩体位移的监测。锚索预应力出现持续增大，说明边坡正在发生破坏或产生了破坏趋势。产生滑动趋势的边坡破坏速度可以通过锚索预应力增长速率反映出来（图 8-20）。

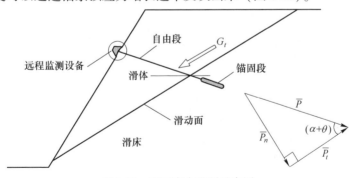

图 8-20　地下应力监测示意图

B　地下应力监测系统

　　在监测锚索锚固后，在其上安装应力监测传感器。整个应力监测系统有两大部分组成：一部分是数据采集和传输装置，安装在监测的现场，有传感器监测应力的变化同时连接配套的数据传输设备，实现数据的无线输入；另一部分是数据接收和处理共享。图 8-21 为地应力边坡监测系统。

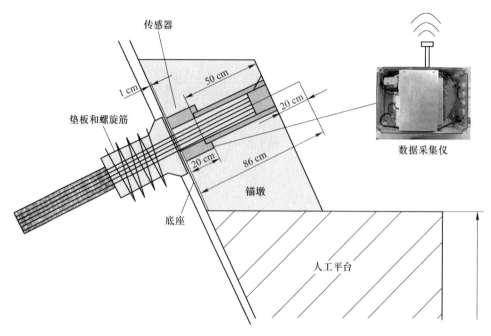

图 8-21　地应力边坡监测系统

（1）应力监测传感器。该部分装置安装在锚索锚固端，主要是测量缆索上的力学量，实现了对力学量的自动采集与传输功能，如图 8-22（a）所示。

（2）力学信号采集-发射装置。其主要由三部分构成，结构如图 8-22（b）所示：

1）信号采集–传输设备，该部分安装在力学传感器上部的保护装置内，是

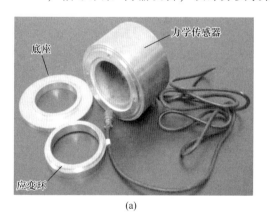

（a）

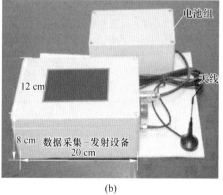

（b）

图 8-22　应力监测传感与力学信号采集–发射装置

（a）应力传感器；（b）力学信号采集-发射装置

由高精密电子部件集成的核心系统。核心电子部件主要由采集存储模块、信号发射模块和 ID 卡组成，其中每个 ID 卡有唯一的网络标识，对应一个数据库文件，可以保存该标识的监测信息。

2）电池组，使用 3.7 V 锂电池组或太阳能电池，其中锂电池组可以提供 3 个月左右的供电，太阳能电池可以提供每周不少于 4 h 光照的连续供电。

3）天线，该部件的工作效果直接影响到滑坡监测预警预报的准确性。所以，在安装时要对该部件的工作状态和效果进行校验，直到达到最优的工作状态。

（3）室内监测设备，包括数据接收器、数据处理系统以及一些辅助分析软件。

8.6　本 章 小 结

本章在总结露天煤矿边坡综合防治措施的基础上，详细介绍了露天煤矿采掘场边坡、排土场边坡的常用防护措施，主要包括削坡减载措施、内排压脚措施、防排水措施、边坡支护加固措施、边坡监测措施，并针对每种边坡防护措施，提供了对应的露天矿边坡防护措施案例。

9 主要结论

本书以复杂工况条件下边坡失稳问题为着眼点,自主研发了适用于现场边坡内部变形监测的全角度自动化边坡测斜监测装置、全角度坡脚钻孔稳定性动态监测装置与适用于室内试验的边坡失稳渐变效应模拟装置、边坡模型试验的球形运动及应力监测仪器,并实现了上述部分装置在现场监测与室内实验研究之中的成功应用。对于岩质边坡,基于现场监测与数值模拟手段,确定了边坡潜在滑移面位置,提出了一种边坡体潜在滑移面关键单元识别及其动态破断路径的判断方法,评价了边坡稳定性,并提出保证端帮煤安全回采的措施,分析了坡顶裂缝产生原因及含弱层边坡失稳破坏模式,探讨了软弱夹层特性对边坡稳定性影响程度。对于散体边坡,基于自主研发的边坡稳定性监测装置,通过坡脚钻孔变形情况判断边坡稳定性状态,结合极限平衡方法分析了研究区域边坡在天然状态、饱水状态、振动状态下的稳定性与失稳滑移特征;采用自主研发的边坡失稳渐变效应模拟装置,开展了含软弱基底散体边坡在振动作用下的滑移失稳规律研究,分析了边坡在不同类型振动作用下的滑移起滑位置、滑移过程、滑移规模与最终形态,揭示了散体边坡在振动作用下的滑移渐变效应。以山西、内蒙古、新疆等露天矿实际采用的边坡稳定性防护与监测措施,详细介绍了削坡减载、内排压脚、防排水、边坡加固、边坡监测等防护与监测方案。本书主要得到了如下结论:

(1) 研发了全角度自动化边坡测斜监测装置、全角度坡脚钻孔稳定性动态监测装置、边坡失稳渐变效应模拟装置、边坡模型实验的球形运动与应力监测装置,并实现了部分自主研发装置在现场监测与室内实验的成功应用。

(2) 提出了一套含软弱夹层岩质边坡潜在滑移面与关键单元确定方法,给出了具有类似地质条件边坡端帮煤安全回采措施,结果表明:

1) 钻孔取心与测斜监测数据分析表明露天煤矿含有软弱夹层,且位于 10 号煤顶板附近。滑动式测斜仪可很好地应用于露天煤矿边坡潜在滑移面(软弱夹层)位置的确定,但对于露天矿边坡应用时因其测斜深度大,导致劳动强度大,效率低,有待向自动化、智能化方式改进。

2) 在确定软弱夹层位置基础上,建立了含软弱夹层边坡稳定性计算模型,采用位移等值线方法确定了潜在滑移面位置,将潜在滑移面分为上部岩层区、软弱夹层区、滑面出口区三部分,并给出了潜在滑移面三部分的形态方程与潜在滑移面位置方程。

3）提出了一种含软弱夹层边坡潜在滑移面关键单元的识别方法并确定了关键单元的动态破断路径，认为强度最低的软弱夹层中关键单元首先发生破断，由坡体内部转折处向非对称性低的坡脚处依次破断，软弱夹层区单元全部破断后，关键单元破断位置继而转向边坡滑移面中部，接着向边坡中下部、中上部破断，直至边坡失稳。

4）当前状态下的边坡处于基本稳定状态，终了时边坡失稳滑塌风险较大。端帮煤炭资源回收可采取横采内排的方法，通过压脚的方式保证边坡的稳定性。含软弱夹层边坡稳定性的保证主要取决于压脚高度，压脚宽度对于含软弱夹层边坡稳定性的控制作用不大，存在"多压无益"的现象，因此，工程施工时应保证有足够的压脚高度，对于压脚宽度可在满足作业空间和压脚边坡稳定性的基础上取最小值。

5）含软弱夹层的顺倾层状边坡大都发生前缘顺层–中部切层–上缘拉裂型的破坏模式。顺倾层状边坡的稳定性随着软弱夹层赋存深度的增加先降低后增大，边坡安全系数与软弱夹层赋存深度呈二次函数关系；边坡稳定性随着软弱夹层倾角的增加而逐渐降低，边坡安全系数与软弱夹层倾角呈一次函数关系。

（3）利用自主研发的边坡稳定性监测装置实测分析了软弱基底散体边坡的稳定性状态，采用极限平衡方法分析了研究区域边坡在天然状态、饱水状态、振动状态下的稳定性与失稳特征，通过二者结果对比，分析了边坡稳定性情况，结果表明：

1）根据研究区域范围共布设 6 个监测孔，累计钻孔深度 9.6 m；各监测孔布设 4 个监测点位，进行不同深度水平边坡变形监测。监测结果表明：钻孔每日压缩变形量呈波动状态，波动范围在 0~0.3 mm；监测期间钻孔累计变形量不足 3 mm；监测期间钻孔并未发生较大变形，说明边坡体未产生滑移趋势，边坡稳定性状态较好。

2）现状边坡、设计终了边坡在天然状态下的稳定性基本满足安全要求，而在暴雨饱水状态时边坡安全系数在 1.0 左右，边坡处于欠稳定状态，有失稳滑塌的风险。

3）强震作用下，排土场强度参数严重弱化，使边坡本身抵抗外力的能力下降，强震施加 1 s 后，排土场的安全系数就开始骤降至 1 以下，边坡最终随着地震作用的持续而遭到破坏。地震作用给边坡体造成整体性的边坡位移，在滑体滑移过程中对基底岩层的挤压、错动使基底岩层产生剪应力集中进而引起基底破坏，强震使排土场边坡整体失稳。弱地震期间排土场边坡安全系数降低幅度小，滑坡风险较低。

（4）利用自主研发的块体堆积散体边坡稳定性模拟试验装置，开展了软弱基底散体边坡在振动作用下的滑移过程，分析了振动频率对该种类型边坡的稳定性影响，结果表明：

1）随着振动频率逐级增加，散体边坡由稳定状态、小范围局部滑移、大规模整体滑移、安全平台倾斜下沉发展至破坏状态。

2）在振动频率 20 Hz 及以下的低频振动条件下，第二台阶坡面首先发生局部锥形或连续波浪状小范围滑移。

3）低频振动条件下，散体边坡表面小块度物料颗粒运移方式为轻微的规模式滑动，大块度物料以滚动为主；高频振动条件下，小块度物料颗粒运移方式为剧烈的规模式滑动，大块度物料的运移方式为小块度物料颗粒摩擦带动或推动，极少表现为滚动。

4）散体边坡能保持稳定性的极限振动频率为 20 Hz。

（5）得到了单一粒径级配散体边坡在不同类型振动作用下的滑移起滑位置、滑移过程、滑移规模与最终形态，得到了散体边坡滑移的临界振动频率、散体边坡破坏频率，结果表明：

1）振动作用下，排土场边坡排弃物料在剧烈破坏过程中的运动方式以沿坡面滑动为主，且其滑动方向与路径具有不确定性。

2）在 20 Hz 及以下振动频率作用于边坡模型时，振动作用的时间效应对边坡稳定性影响不明显，试验阶段结束时边坡体能保持其形态完整。

3）在 25 Hz 及以上振动频率作用于边坡模型时，滑坡规模量与范围随着振动频率增大而增加，边坡形态破坏程度随着振动时间延长而增加

（6）以内蒙古、山西、新疆地区露天矿采用的边坡防护措施为案例，详细介绍了露天矿常用的削坡减载、内排压脚、防排水、边坡支护加固、边坡监测等边坡防护措施。

参 考 文 献

[1] 谢和平, 吴立新, 郑德志, 等. 2025 年中国能源消费及煤炭需求预测 [J]. 煤炭学报, 2019, 44 (7): 1949-1960.

[2] 杨天鸿, 张锋春, 于庆磊, 等. 露天矿高陡边坡稳定性研究现状及发展趋势 [J]. 岩土力学, 2011, 32 (5): 1437-1451.

[3] 韩流. 露天矿时效边坡稳定性分析理论与实验研究 [D]. 徐州: 中国矿业大学, 2015.

[4] 徐晓惠. 露天煤矿顺倾层状软岩边坡三维稳定性及其控制研究 [D]. 阜新: 辽宁工程技术大学, 2015.

[5] 王珍. 露天煤矿含弱层非均质边坡稳定性上限分析法研究与应用 [D]. 阜新: 辽宁工程技术大学, 2018.

[6] 张国祥, 刘新华, 魏伟. 二维边坡滑动面及稳定性弹塑性有限元分析 [J]. 铁道学报, 2003 (2): 79-83.

[7] 郑宏, 刘德富, 罗先启. 基于变形分析的边坡潜在滑面的确定 [J]. 岩石力学与工程学报, 2004 (5): 709-716.

[8] 徐佩华, 陈剑平, 石丙飞, 等. 人工边坡潜在滑动面研究——以广州科学城某人工高边坡为例 [J]. 吉林大学学报 (地球科学版), 2008 (5): 825-830.

[9] Janusz K. Selected aspects of the stability assessment of slopes with the assumption of cylindrical slip surfaces [J]. Computers and Geotechnics, 2010, 37 (6): 796-801.

[10] Xiao S, Yan L, Cheng Z. A method combining numerical analysis and limit equilibrium theory to determine potential slip surfaces in soil slopes [J]. Journal of Mountain Science, 2011, 8 (5): 718-727.

[11] 王娟, 何思明. 高切坡潜在破裂面预测与超前支护桩加固研究 [J]. 山地学报, 2013, 31 (5): 588-593.

[12] 黄晓锋, 石崇, 朱珍德, 等. 基于粒子群优化算法的边坡临界滑动面搜索方法 [J]. 防灾减灾工程学报, 2014, 34 (6): 751-757.

[13] 李华华, 赵洪宝, 左建平. 露天矿边坡潜在滑移面识别数值模拟 [J]. 煤矿安全, 2014, 45 (6): 211-214.

[14] 赵洪宝, 李华华, 王中伟. 边坡潜在滑移面关键单元岩体裂隙演化特征细观试验与滑移机制研究 [J]. 岩石力学与工程学报, 2015, 34 (5): 935-944.

[15] 张春, 吴超. 排土场散体物料强度对边坡潜在滑动面的影响 [J]. 金属矿山, 2015 (1): 133-137.

[16] Li L, Chu X. Multiple response surfaces for slope reliability analysis [J]. International Journal for Numerical and Analytical Methods in Geomechanics, 2015, 39 (2): 175-192.

[17] Ma J Z, Zhang J, Huang H W, et al. Identification of representative slip surfaces for reliability analysis of soil slopes based on shear strength reduction [J]. Computers and Geotechnics, 2017, 85: 199-206.

[18] Zhang J, Huang H W. Risk assessment of slope failure considering multiple slip surfaces [J].

Computers and Geotechnics, 2016, 74: 188-195.

［19］ Zhang Z G, Zhang H J, Han L Q, et al. Multi-slip surfaces searching method for earth slope with weak interlayer based on local maximum shear strain increment ［J］. Computers and Geotechnics, 2022, 147: 104760. 1-104760. 7.

［20］ Zhang H, Luo X, Bi J, et al. Modified slip surface stress method for potential slip mass stability analysis ［J］. Ksce Journal of Civil Engineering, 2019, 23 (1): 83-89.

［21］ Song S, Zhao M, Zhu C, et al. Identification of the potential critical slip surface for fractured rock slope using the floyd algorithm ［J］. Remote Sens, 2022, 14 (5): 1284.

［22］ Guo M W, Li J H, Dong X B. Determining the critical slip surface of slope by vector sum method based on strength reduction definition ［J］. Frontiers in Earth Science, 2022, 10: 1-10.

［23］ 刘小丽, 周德培. 有软弱夹层岩体边坡的稳定性评价 ［J］. 西南交通大学学报, 2002 (4): 382-386.

［24］ 许宝田, 阎长虹, 陈汉永, 等. 边坡岩体软弱夹层力学特性试验研究 ［J］. 岩土力学, 2008 (11): 3077-3081.

［25］ 许宝田, 钱七虎, 阎长虹, 等. 多层软弱夹层边坡岩体稳定性及加固分析 ［J］. 岩石力学与工程学报, 2009, 28 (S2): 3959-3964.

［26］ 肖正学, 郭学彬, 张继春, 等. 含软弱夹层顺倾边坡爆破层裂效应的数值模拟与试验研究 ［J］. 岩土力学, 2009, 30 (S1): 15-18, 23.

［27］ 刘铁雄, 徐松山, 彭文祥. 采用强度折减法确定含软弱夹层岩质边坡安全系数 ［J］. 科技导报, 2010, 28 (8): 65-68.

［28］ 丁立明, 才庆祥, 刘雷, 等. 软弱夹层对露天矿边坡稳定性的影响 ［J］. 金属矿山, 2012 (4): 40-42, 58.

［29］ 王浩然, 黄茂松, 刘怡林. 含软弱夹层边坡的三维稳定性极限分析 ［J］. 岩土力学, 2013, 34 (S2): 156-160.

［30］ 张社荣, 谭尧升, 王超, 等. 多层软弱夹层边坡岩体破坏机制与稳定性研究 ［J］. 岩土力学, 2014, 35 (6): 1695-1702.

［31］ 皮晓清, 李亮, 唐高朋, 等. 基于有限元极限上限法的含软弱夹层边坡稳定性分析 ［J］. 铁道科学与工程学报, 2019, 16 (2): 351-358.

［32］ 孙光林, 蒲娟, 胡江春, 等. 开挖对露天矿山软弱夹层边坡稳定性的影响分析——以南芬铁矿为例 ［J］. 科学技术与工程, 2019, 19 (33): 126-131.

［33］ Li A, Li W. Influence research of weak layer on slope sliding mode and stability ［J］. IOP Conference Series: Materials Science and Engineering, 2020, 914 (1): 012041.

［34］ Wang T, Zhao H B, Liu Y H, et al. Formation mechanism and control measures of sliding surface about bedding slope containing weak interlayer ［J］. KSCE Journal of Civil Engineering, 2020, 24 (8): 2372-2381.

［35］ Wang L, Qi Y, Wang W, et al. Numerical analysis of influence of joint inclination on the stability of high rock slope with weak interlayer ［J］. IOP Conference Series Earth and

Environmental Science, 2021, 671 (1): 012005.

[36] Li J L, Zhang B, Sui B. Stability analysis of rock slope with multilayer weak interlayer [J]. Advances in Civil Engineering, 2021: 1409240. 1-1409240. 9.

[37] Gao M, Gao H, Zhao Q, et al. Study on stability of anchored slope under static load with weak interlayer [J]. Sustainability, 2022, 14 (17): 10542.

[38] Zhong S H, Miao Y J. Research on the influence of weak interlayer in open-pit slope on Stability [J]. Advances in Civil Engineering, 2021: 4256740. 1-4256740. 9.

[39] 杨明, 胡厚田, 卢才金, 等. 路堑土质边坡加固中预应力锚索框架的内力计算 [J]. 岩石力学与工程学报, 2002 (9): 1383-1386.

[40] 刘祚秋, 周翠英, 董立国, 等. 边坡稳定及加固分析的有限元强度折减法 [J]. 岩土力学, 2005 (4): 558-561.

[41] 王文生, 杨晓华, 谢永利. 公路边坡植物的护坡机理 [J]. 长安大学学报 (自然科学版), 2005 (4): 26-30.

[42] 王恭先. 滑坡防治方案的选择与优化 [J]. 岩石力学与工程学报, 2006 (S2): 3867-3873.

[43] 赵杰. 边坡稳定有限元分析方法中若干应用问题研究 [D]. 大连: 大连理工大学, 2006.

[44] 陈科平. 高速公路边坡稳定性模糊评价及加固治理研究 [D]. 长沙: 中南大学, 2007.

[45] Wei Z, Yin G, Wang J G. et al. Stability analysis and supporting system design of a high-steep cut soil slope on an ancient landslide during highway construction of Tehran-Chalus [J]. Environmental Earth Sciences, 2012, 67 (6): 1651-1662.

[46] 王玉凯. 露天矿软弱基底排土场变形机理及控制方法研究 [D]. 北京: 中国矿业大学 (北京), 2020.

[47] Zhang X C, Li Y R, Liu Y S, et al. Characteristics and prevention mechanisms of artificial slope instability in the Chinese Loess Plateau [J]. Gatena, 2021: 207.

[48] Li H, Du Q W. Stabilizing a post-landslide loess slope with anti-slide piles in Yan'an, China [J]. Environmental Earth Sciences, 2021, 80 (22): 739. 1-739. 13.

[49] Su H, Wu D Y, Lu Y J, et al. Experimental and numerical study on stability performance of new ecological slope protection using bolt-hinge anchored block [J]. Ecological Engineering, 2021, 172 (1): 106409.

[50] 张发明, 刘宁, 赵维炳. 岩质边坡预应力锚固的力学行为及群锚效应 [J]. 岩石力学与工程学报, 2000 (S1): 1077-1080.

[51] 周颖, 曹映泓, 廖晓瑾, 等. 喷混植生技术在高速公路岩石边坡防护和绿化中的应用 [J]. 岩土力学, 2001 (3): 353-356.

[52] 李天斌. 岩质工程高边坡稳定性及其控制的系统研究 [D]. 成都: 成都理工大学, 2002.

[53] 肖盛燮, 周辉, 凌天清. 边坡防护工程中植物根系的加固机制与能力分析 [J]. 岩石力学与工程学报, 2006 (S1): 2670-2674.

［54］ 吕庆. 边坡工程灾害防治技术研究 ［D］. 杭州：浙江大学，2006.

［55］ 冯君，周德培，江南，等. 微型桩体系加固顺层岩质边坡的内力计算模式 ［J］. 岩石力学与工程学报，2006 (2)：284-288.

［56］ 程强. 红层软岩开挖边坡致灾机理及防治技术研究 ［D］. 成都：西南交通大学，2008.

［57］ 罗丽娟，赵法锁. 滑坡防治工程措施研究现状与应用综述 ［J］. 自然灾害学报，2009，18 (4)：158-164.

［58］ 罗强. 岩质边坡稳定性分析理论与锚固设计优化研究 ［D］. 长沙：中南大学，2010.

［59］ Yao D, Qian G, Liu J, et al. Application of polymer curing agent in ecological protection engineering of weak rock slopes ［J］. Applied Sciences, 2019, 9 (8)：1585.

［60］ Sun S Q, Li S C, Li L P, et al. Slope stability analysis and protection measures in bridge and tunnel engineering：a practical case study from Southwestern China ［J］. Bulletin of Engineering Geology and the Environment, 2019, 78 (5)：3305-3321.

［61］ Yao D, Qian G P, Yao J L, et al. Polymer curing agent in ecological protection design weak rock slope engineering application ［J］. Journal of Performance of Constructed Facilities, 2020, 34 (2)：04019115.

［62］ 常来山，杨宇江. 露天矿边坡稳定分析与控制 ［M］. 北京：冶金工业出版社，2014.

［63］ 王东. 露井联采逆倾边坡岩移规律及稳态分析研究 ［D］. 阜新：辽宁工程技术大学，2011.

［64］ 苗胜军，蔡美峰，夏训清，等. 深凹露天矿 GPS 边坡变形监测 ［J］. 北京科技大学学报，2006 (6)：515-518.

［65］ 刘善军，吴立新. 遥感-岩石力学在矿山中的应用前景 ［C］//第七届全国矿山测量学术会议论文集，2007：13-17.

［66］ Atzeni C, Barla M, Pieraccini M, et al. Early warning monitoring of natural and engineered slopes with ground-based synthetic-aperture radar ［J］. Rock Mechanics and Rock Engineering, 2015, 48 (1)：235-246.

［67］ Li X Y, Zhang L M, Jiang S H, et al. Assessment of slope stability in the monitoring parameter space ［J］. Journal of Geotechnical and Geoenvironmental Engineering, 2016, 142 (7)：1-10.

［68］ 朱万成，任敏，代风，等. 现场监测与数值模拟相结合的矿山灾害预测预警方法 ［J］. 金属矿山，2020 (1)：151-162.

［69］ Konak G, Onur A H, Karakus D, et al. Slope stability analysis and slide monitoring by inclinometer readings：Part 2 ［J］. Mining Technology, 2004, 113 (3)：171-180.

［70］ 许宝田，钱七虎，阎长虹，等. 多层软弱夹层边坡岩体稳定性及加固分析 ［J］. 岩石力学与工程学报，2009，28 (S2)：3959-3964.

［71］ 孙书伟，林杭，任连伟. FLAC3D 在岩土工程中的应用 ［M］. 北京：中国水利水电出版社，2011.

［72］ 孙利辉，纪洪广，杨本生，等. 大采深巷道底板软弱夹层对底鼓影响数值分析 ［J］. 采矿与安全工程学报，2014 (5)：695-701.

［73］张顶立，王悦汉，曲天智. 夹层对层状岩体稳定性的影响分析［J］. 岩石力学与工程学报，2000（2）：140-144.

［74］戴自航，卢才金. 边坡失稳机理的力学解释［J］. 岩土工程学报，2006，28（10）：1191-1197.

［75］赵洪宝，魏子强，罗科，等. 降雨工况下露天矿排土场边坡稳定性与治理措施［J］. 煤炭科学技术，2019，47（10）：67-74.

［76］Matsui T, San K C. Finite element slope stability analysis by shear strength reduction technique［J］. Soils and Foundations，1992，32（1）：59-70.

［77］Pintor T S, Satoru O. Static and seismic slope stability analyses based on strength reduction method［J］. Journal of Applied Mechanics，2000，3：235-246.

［78］Nasvi M C M, Krishnya S. Stability analysis of colombo-katunayake expressway（CKE）using finite element and limit equilibrium methods［J］. Indian Geotechnical Journal，2019，49（6）：620-634.

［79］Gholam M, Arvin A, Parham S. Small and large scale analysis of bearing capacity and load-settlement behavior of rock-soil slopes reinforced with geogrid-box method［J］. Geomechanics and Engineering，2019，18（3）：315-328.

［80］Deng D P, Li L, Zhao L H. Stability analysis of slopes under groundwater seepage and application of charts for optimization of drainage design［J］. Geomechanics and Engineering，2019，17（2）：181-194.

［81］张嘎，张建民. 基于瑞典条分法的应变软化边坡稳定性评价方法［J］. 岩土力学，2007（1）：12-16.

［82］蒋斌松，康伟. 边坡稳定性中 BISHOP 法的解析计算［J］. 中国矿业大学学报，2008（3）：287-290.

［83］邓东平，李亮. 两种滑动面型式下边坡稳定性计算方法的研究［J］. 岩土力学，2013，34（2）：372-380，410.

［84］姬长生，尚涛. 露天采矿学（上册）［M］. 徐州：中国矿业大学出版社，2015.

［85］王家臣，陈冲. 软弱基底排土场边坡稳定性三维反演分析［J］. 中国矿业大学学报，2017，46（3）：474-479.

［86］缪海宾，王建国，费晓欧，等. 基于孔隙水压力消散的排土场边坡动态稳定性研究［J］. 煤炭学报，2017，42（9）：2302-2306.

［87］Harris S, Orense R, Itoh K. Back analyses of rainfall-induced slope failure in Northland Allochthon formation［J］. Landslides，2012，9（3）：349-356.

［88］任伟，李小春，汪海滨，等. 排土场级配规律及其对稳定性影响的模型试验研究［J］. 长江科学院院报，2012，29（8）：100-105.

［89］张春，吴超. 排土场散体物料强度对边坡潜在滑动面的影响［J］. 金属矿山，2015（1）：133-137.

［90］张晓龙，胡军，赵天毅. 考虑粒径分级的排土场稳定性分析［J］. 金属矿山，2016（10）：171-176.

[91] 王光进, 杨春和, 张超, 等. 超高排土场的粒径分级及其边坡稳定性分析研究 [J]. 岩土力学, 2011, 32 (3): 905-913, 921.

[92] 刘婧雯, 黄博, 邓辉, 等. 地震作用下堆积体边坡振动台模型试验及抛出现象分析 [J]. 岩土工程学报, 2014, 36 (2): 307-311.

[93] 刘树林, 杨忠平, 刘新荣, 等. 频发微小地震作用下顺层岩质边坡的振动台模型试验与数值分析 [J]. 岩石力学与工程学报, 2018, 37 (10): 2264-2276.

[94] 贾向宁, 黄强兵, 王涛, 等. 陡倾顺层断裂带黄土-泥岩边坡动力响应振动台试验研究 [J]. 岩石力学与工程学报, 2018, 37 (12): 2721-2732.

[95] 梁冰, 孙维吉, 杨冬鹏, 等. 抛掷爆破对内排土场边坡稳定性影响的试验研究 [J]. 岩石力学与工程学报, 2009, 28 (4): 710-715.

[96] 朱晓玺, 张云鹏, 张亚宾, 等. 爆破振动对排土场稳定性影响的数值模拟研究 [J]. 矿业研究与开发, 2015, 35 (6): 105-107.

[97] 樊秀峰, 简文彬. 交通荷载作用下边坡振动响应特性分析 [J]. 岩土力学, 2006, 27 (S2): 1197-1201.

[98] 郭庆国. 粗粒土的工程特性及应用 [M]. 郑州: 黄河水利出版社, 1999.

[99] 常来山, 杨宇江. 露天矿边坡稳定分析与控制 [M]. 北京: 冶金工业出版社, 2014.

[100] 徐茂林, 张贺, 李海铭, 等. 基于测量机器人的露天矿边坡位移监测系统 [J]. 测绘科学, 2015, 40 (1): 38-41.

[101] 孙华芬, 侯克鹏. 测量机器人自动监测系统在边坡远程监测中的应用 [J]. 矿业研究与开发, 2013, 33 (6): 84-87, 95.

[102] 徐茂林, 张贺, 李海铭, 等. 基于测量机器人的露天矿边坡位移监测系统 [J]. 测绘科学, 2015, 40 (1): 38-41.

[103] 宁殿民, 赵晓东, 胡军. 弓长岭露天矿排岩场边坡变形观测方法 [J]. 辽宁工程技术大学学报 (自然科学版), 2017 (2): 132-136.

[104] 贾晓娟, 钱兆明. GPS 技术在安太堡露天矿边坡变形监测中的应用 [J]. 煤炭科学技术, 2008, 403 (6): 90-94.

[105] 苗胜军, 蔡美峰, 张丽英, 等. 水厂铁矿边坡变形 GPS 监测及数据处理 [J]. 金属矿山, 2005 (4): 11-13, 23.

[106] 王翠珀, 陈跃月. GPS 实时监测技术在抚顺西露天矿边坡变形监测中的应用 [J]. 地质与资源, 2010, 19 (2): 180-183.

[107] 王劲松, 陈正阳, 梁光华. GPS 一机多天线公路高边坡实时监测系统研究 [J]. 岩土力学, 2009, 30 (5): 1532-1536.

[108] Akbar T A, Ha S R. Landslide hazard zoning along Himalayan Kaghan Valley of Pakistan—by integration of GPS, GIS, and remote sensing technology [J]. Landslides, 2011, 8 (4): 527-540.

[109] 李蕾, 黄玫, 刘正佳, 等. 基于 RS 与 GIS 的毕节地区滑坡灾害危险性评价 [J]. 自然灾害学报, 2011, 20 (2): 177-182.

[110] 赵小平, 闫丽丽, 刘文龙. 三维激光扫描技术边坡监测研究 [J]. 测绘科学, 2010, 35

（4）：25-27.

[111]　徐茂林，高延东，张贺，等．三维激光扫描技术在露天矿边坡监测中的应用［J］．辽宁科技大学学报，2015，38（3）：217-220.

[112]　杜祎玮，任富强，常来山．三维激光扫描技术在国内矿山领域的应用［J］．矿业研究与开发，2021，41（12）：154-160.

[113]　王旭，唐绍辉，潘懿，等．基于三维激光扫描技术的高陡边坡监测预警研究［J］．矿业研究与开发，2018，38（11）：75-78.

[114]　韩亚，王卫星，李双，等．基于三维激光扫描技术的矿山滑坡变形趋势评价方法［J］．金属矿山，2014，458（8）：103-107.

[115]　钱雨扬，杨泽发，吴立新，等．联合 InSAR 与坡向约束的露天矿边坡三维形变监测［J］．测绘通报，2023，551（2）：104-109.

[116]　刘斌，葛大庆，李曼，等．地基 InSAR 评估爆破作业对露天采矿边坡的稳定性影响［J］．遥感学报，2018，22（S1）：139-145.

[117]　张飞，杨天鸿，王植，等．某露天矿南帮滑体西部边界形态测定［J］．东北大学学报（自然科学版），2017，38（9）：1335-1340.

[118]　杨红磊，彭军还，崔洪曜．GB-InSAR 监测大型露天矿边坡形变［J］．地球物理学进展，2012，27（4）：1804-1811.